小满　　生

的

低碳之旅

孟 抒 著

合肥工業大學出版社

图书在版编目（CIP）数据

小满和花生的低碳之旅/孟抒著. —合肥：合肥工业大学出版社，2023.4

ISBN 978-7-5650-6301-5

Ⅰ. ①小… Ⅱ. ①孟… Ⅲ. ①节能—青少年读物 Ⅳ. ①TK01-49

中国国家版本馆CIP数据核字（2023）第055965号

小满和花生的低碳之旅

孟 抒 著　　　责任编辑 张择瑞 殷文卓

出　版	合肥工业大学出版社	**版　次**	2023年4月第1版
地　址	合肥市屯溪路193号	**印　次**	2023年4月第1次印刷
邮　编	230009	**开　本**	710毫米×1010毫米 1/16
电　话	理工图书出版中心：0551－62903204	**印　张**	11
	营销与储运管理中心：0551－62903198	**字　数**	78千字
网　址	press.hfut.edu.cn	**印　刷**	安徽联众印刷有限公司
E-mail	hfutpress@163.com	**发　行**	全国新华书店

ISBN 978-7-5650-6301-5　　　定价：38.00元

序一

近年来，气候变暖导致了冰川融化、海平面上升、极端天气事件频发，对生态环境和人类社会造成了巨大威胁。为了应对气候变化，我国在2020年提出了“碳达峰、碳中和”的目标，并为实现这一目标制定了一系列政策措施。在此过程中，我们每个家庭、每个人，都是“双碳”目标的参与者和践行者。

本书旨在通过有趣的科幻故事向小朋友传递“双碳”目标的重要性和低碳生活的重要意义。故事以小满和花生两个小朋友的冒险之旅为主线，深入浅出地展示了气候变化对生态环境的危害，阐述了“双碳”的相关知识，强调了“碳中和”的重要意义，生动形象地描绘出实现碳中和目标“人人有责、人人参与”的行动路径，最后展示出低碳环保、生态和谐的未来图景。

本书想象力丰富、插画精美，非常适合小学中低年级小朋友阅读，也可作为家庭教育中共同阅读的亲子读物，对个人低碳生活习惯的养成以及实现国家的“双碳”目标都具有一定的现实意义。

中国工程院院士
合肥工业大学教授、博士生导师
安徽省碳中和研究会理事会会长

序二

全球气候变化日益严重，碳减排成为各国政府和社会各界关注的焦点。少年儿童是“双碳”事业未来的主体，需要从现在开始了解环保概念和低碳生活方式。

本书采用童趣十足的科幻故事和生动形象的科普插图，以“润物无声、春风化雨”的方式阐述环保理念，探讨了多种低碳环保的途径，特别是生物质利用和改进垃圾处理等方面。第三章聚焦垃圾分类和垃圾处理环节，强调了垃圾高效清洁处理的紧迫性和必要性——不合理的垃圾处理会产生大量温室气体，而高效清洁地处理垃圾则可以实现能源利用与低碳排放，有助于减缓气候变化的速度。

低碳环保关乎人类的生存发展、关系到每个人的生活。

本书在帮助少年儿童培养低碳环保意识、认识绿色发展的实现途径方面具有重要作用。

中国科学院合肥物质科学研究院　二级教授　博士生导师
中国科学技术大学　兼职教授　博士生导师
合肥工业大学先进能源技术与装备研究院　院长　博士生导师
合肥综合性国家科学中心环境研究院　副院长

目录

第一章 柜 子

下午放学后。

姐姐小满“蹬蹬蹬”上着楼，她忽然停住脚步，回头朝弟弟花生喊道：“新一期《万物》看完了没？我同学要借！”

花生一步两个台阶跟在后面：“还没呢……”

“你看得太慢了！我两个小时就看完啦！”小满走到家门口，掏出钥匙开门。

花生不服气：“你都四年级了，当然看得快；我才三年级，有的字还要查……”

“嘘……”姐姐蓦地回过头来，压低声音严肃地说，“妈妈在工作！”

花生“咕嘟”一声把后面两个字咽了回去。

两人轻手轻脚换了鞋，蹑手蹑脚溜进各自房间……

“晚上想吃什么？”书房里忽然传出妈妈沉闷而无力的声音——听这语气应该是又没写作思路了。

“吃鱼！”小满高声答道。

“对对！好久没吃鱼啦！”花生赶快帮腔。

“……那行，一会儿点外卖吧！”妈妈说完，书房里再次响起了断断续续敲击键盘的声音：噼噼——啪啦——啪啪——

1

吃过晚饭，姐弟俩在各自的房间里写作业。

小满写着写着，草稿纸用完了，她拉开书桌右下角的文具柜，然后愣住了。

她难以置信地揉了揉眼，再慢慢睁开——

“妈！”小满大叫起来。

“小事儿自己解决，不要打扰我。”妈妈说完就关上了书房的门。

小满从椅子上蹦下来，拖鞋都顾不得穿就冲进了花生的房间，不由分说地把弟弟扯到自己书桌前。

花生一看见柜子里的东西就惊叫起来：“小猫?!”

——一只小花猫正蜷缩在柜子里。

它的身长跟作业本相当，脑门上有四条黑色竖纹，黄棕色的毛皮上点缀着黑色斑点，小巧的耳朵不时抖动一下，身子一起一伏睡得正香，丝毫不在意周围堆得满满当当的铅笔、橡皮、草稿纸。

花生激动万分：“这是妈妈给我们的惊喜吗?”

小满摇摇头：“藏在柜子里?不太可能吧……再说我们俩的生日早都过了!”

花生跑到窗前，朝外看了看：“是不是外面跑进来的?”

小满翻了翻大眼睛：“纱窗全都锁着的!”

“这事绝对不能让爸爸妈妈知道!”花生回过头来严肃地说。

小满瞪圆了眼睛：“那怎么行?!”

这时，小猫好像刚刚听见两人的说话声一样，突然被惊醒了。它纵身跳出文具柜，绷紧身子、压低耳朵，一面皱眉龇牙瞪着小满和花生，一面警惕地窥探周围环境。

花生小心翼翼地从侧面包抄过去，然后猛地一扑！小猫“嗖”地蹿进了床下。

小满赶紧趴到地板上，歪着头盯住躲在床下的小猫，轻声吩咐弟弟：“快去拿我们吃剩的鱼来！”

花生不愿意离开房间，但他知道抗议也没用，只好蹑手蹑脚溜进餐厅，端出了冰箱里的香煎三文鱼。

可等他回到姐姐房间时，却看见铅笔、橡皮、草稿纸扔了一地，姐姐坐在空空的文具柜旁，眼睛瞪得像两个灯泡：“小猫跳回柜子里不见了！”

花生目瞪口呆：“怎么会……难道是一只魔法猫？”

这天晚上剩下的时间，小满把文具柜里的每一条木纹都检查了一遍，可连根猫毛都没发现！

2

第二天早上。

“把蛋黄也吃掉！这里面有卵磷脂，可以补脑，一上午的课呢，饿了可没有东西吃……牛奶！牛奶喝干净！你们俩的个子在班里算是中下等了……”

妈妈吃完早饭后就开始监督姐弟俩吃饭，旁边的爸爸则在安静而认真地喝着粥，对周围的一切声响充耳不闻，看样子又在思考他的科研问题。

小满赶忙一口喝掉本想偷偷剩下的牛奶，换鞋出了门。花生也飞快地把煮鸡蛋塞进嘴里，用牛奶送服下肚，抓起书包冲了出去。身后传来妈妈的喊声：“红领巾、口罩都戴了吗？别忘了水杯……”

一整天，两人都心不在焉，总在惦记着那只神秘的小猫，以至于小满上课拿错书、花生喊错同学名字……

终于熬到了下午放学，一回家，花生连鞋都来不及换，就冲进了姐姐房间，拉开柜门大叫起来："小猫果然……呃？这是什么东西?!"

紧随其后的小满也跟花生一样目瞪口呆——

柜子里长满了青草和树叶，其中一片叶子上还趴着只怪模怪样的青蛙：蓝色的脑袋、橙色的身子，光滑的皮肤上布满灰色斑点，背上还竖着三根犄角，嘴边挂着亮晶晶的口水。

小满急道："我的文具哪去了？"

花生头脑一热，冒冒失失地伸手要去抓怪蛙。

"别碰，"小满拦住弟弟，"颜色这么鲜艳，可能有毒！"

这时，怪蛙突然颤抖了两下，之后就闭上眼睛一动不动了。

"家里出现了危险动物，我们应该……报警吧？"花生冷静了下来。

"可咱俩没有手机啊！"小满深吸一口气，"我在这里看着，你去喊邻居阿姨！"

花生答应了一声，拔腿就跑。

隔壁没有门铃，花生先是轻轻叩门……静悄悄的，他又加大了力度“咚咚咚”……还是没有回应。

“花生，回来吧！”姐姐忽然慌慌张张地从家里跑了出来，急促地喘着气说，“怪……”

“怪”字在整个楼道回荡，她赶快压低了嗓音：“怪蛙也不见了！”

3

接下来的几天，小满魂不守舍，做作业时写上两个字就要拉开柜门看一眼，半夜醒来也会跑过去确认一下。

可自从怪蛙消失后，柜子一直悄无声息。

前天，他们跟妈妈说了这件事，妈妈特别高兴，夸他们俩想象力丰富，并一人布置了一篇作文……

小满叹了口气，再次关上柜门，她盯着第五道应用题，审题审了三遍，一个字儿都没往脑子里进。

“姐姐，姐姐！你看！”花生捧着平板电脑跑了进来，“我画了张图去网上提问，有人回复啦！”

果然，回复栏里写着：背上的是树枝吧，受伤了吗？这种箭毒蛙的花色从未见过，是不是新的亚种，有照片吗？

姐弟俩面面相觑。

十几秒后，花生打破沉默：“就是说，那只新品种箭毒蛙受伤了，然后……”

“可它怎么跑到我柜子里来的？你说没说是在柜子里发现的？”小满皱眉问道。

“这哪能说呀？如果说了，他会以为我是瞎画的……”花生想了想又问，“柜子里还有什么来着？”

“还有树干、藤蔓，湿气很重……箭毒蛙是热带雨林里的生物，周围也应该是热带雨林的环境吧……”小满眨巴着大眼睛，陡然提高了音量，“我想起来了，后面那棵树是被砍掉的，好粗的树桩！”

花生恍然大悟：“那箭毒蛙一定是因为树木被砍伐才受伤的！可热带雨林怎么会出现在……”

话未说完，右下角的文具柜门“嘭”的一声被撞开，一个棕色东西从柜子里探了出来——

“蛇!”小满尖叫着跳到了床上。

花生像弹簧一样蹦了起来，扯住姐姐就往外跑。

两人边跑边回头看——那条蛇特别大，它想往外爬，却被柜门卡住了脑袋！大蛇疯狂扭动，柜子深处传出可怕的“咚咚”声。

小满和花生冲向大门，可是不等他们拉开门，沉闷的咚咚声骤然消失!

姐弟俩正不知所措，大门打开了——

“你们俩堵在门口干吗呢?”抱着几个快递盒的妈妈问道。

姐弟俩松了一大口气，小满赶快汇报情况：“妈妈，我的柜子……”可说到一半，小满就不知该从何说起了。

妈妈放下手里的东西，笑眯眯地走进小满的房间：“柜子又怎么啦？这次是小猫还是青蛙?”

跟在妈妈身后的姐弟俩小心翼翼地探出头来——柜门大开，里面仍旧是成堆的文具，一切如常。

……

饭后娱乐时间，小满和花生没看他们喜爱的动画片，而是头挨头盯着平板电脑——

“你看，又有人回复我啦，原来那只小猫是锈斑豹猫、蛇是森、森什么[①]……果然都是热带雨林里的动物！”花生兴奋不已。

小满眨巴着大眼睛，一脸忧愁：“它们是因为热带雨林被砍伐、无家可归，才会跑到我柜子里的吗？以后会不会还有别的什么东西冒出来呀……”

花生一脸神往：“这多棒啊！不用去动物园就能近距离观察野生动物！”说完又撇了撇嘴：“我房间里的柜子就平平无奇……”

小满十分诧异：“你不怕吗？”

花生得意地挺挺胸：“当然不怕！你没发现嘛，过不了多久它们自己就消失了！”

小满眼睛一亮：“那我们换房间吧！”

① 森什么：森蚺（rán），亚马孙森蚺是当今世界上最大的蛇。

姐弟俩一拍即合。

可是，花生搬过去之后柜子再无异样，就算他偷偷往柜子里放了许多好吃的东西当诱饵，也再没有任何访客造访过文具柜……

第二章　冰　川

文具柜恢复了正常，姐弟俩又把房间换了回来。

现在的天气越来越奇怪，今年没有梅雨季，夏天热得破了纪录，但刚刚开学一个月又温度骤降，小满和花生不得不换上了厚家居服。

这个周日，爸爸妈妈要去跟朋友聚会，他们上午十点就出了门，临走前郑重叮嘱小满和花生："外面太冷不要出去玩，在家好好写作业，不许给陌生人开门，做完作业可以玩半个小时平板电脑……"

吃完午饭，小满乖乖窝在自己的房间，做完作业、装好书包之后，她赶快起身去找平板电脑，可一拉开房门就惊呆了——

餐厅里窗户大开、冷气森森，冻鱼、冻肉、冻饺子摆了满地，穿着羽绒服的花生正从冰箱里往外拿制冰盒。冰箱冷冻室的抽屉里，摆着满满当当的盆碗杯碟，每个容器都装满了水，连稍大一点的空隙都塞进了盛满水的瓷勺。

而饭桌上，赫然摆着一座由大大小小冰块堆成的小冰山！

“你在作什么妖啊？！”小满尖叫起来，“妈妈回来你就要倒大霉了！”

“我在做科学实验呢！”花生关上冰箱门，反手把制冰盒里还淌着水的冰壳一股脑儿地扣在了“冰山”顶上，转身又跑去厨房接水。

小满怒道：“别胡闹了！妈妈回来我也要跟着挨骂！赶快恢复原状！”说完拎起一条软塌塌的冻鱼拉开冰箱门——

冷冻室里的盘子和碗全都不见了，取而代之的是一只耳朵上夹着个白色塑料扣的小白熊。

1

小满愣住了。

小白熊也愣住了。

但小白熊只愣了一秒，就一口咬住冻鱼，扭身跑开，仅留下一个踉踉跄跄的毛茸茸背影。

小满看了看空空如也的左手，又看了看冰箱里白茫茫的雪地，尖叫起来："花生——！"

花生跑过来嚷了声"小北极熊"，丢下制冰盒就钻进了冰箱。

小满大叫："哎，你……回来！"

花生跑得更快了。

小满一跺脚，赶紧跑回自己房间翻出羽绒服，边穿边追了进去——

寒风凛冽，一面是波光粼粼

的大海，一面是积雪斑驳的山坡，地上的雪刚刚没过脚面。

小满追上弟弟后一把扯住他："你疯啦！这么冒冒失失跑进来?!"

"我们的科学作业是'北极'，"花生眉飞色舞，"其他同学肯定做梦都想不到我能亲自来北极考察!"

然后他又神神秘秘地说："而且我查了很多资料，现在可以确认，文具柜里曾经出现过一个'时空之门'，但它很不稳定——你看，这次就出现在了冰箱里!"

小满瞪大了眼睛："你查什么资料了?"

"《科幻世界》!"

小满哭笑不得："你可别逗了，我们得赶快回去！安全第一!"说完拽住弟弟往回拖。

就这几句话的工夫，他们身上的羽绒服已经无法御寒了。

与此同时，那只跑出去没多远的小北极熊停了下来，几口就把软塌塌的冻鱼吃掉了，吃完后还意犹未尽地舔了舔爪子。

"书上说北极熊的毛是透明的，皮肤是黑色的，我要去看看……”花生挣开姐姐的手，裹紧羽绒服就要去追小北极熊。

“不行！”小满一把扯住弟弟，“不要靠近野生动物！太危险了！”

花生刚一犹豫，就被姐姐拽了回去，只好不情不愿地往回走。

可是走了十来步后姐弟俩一齐慌了神——“时空之门”不见了！

忽然，一阵低低的轰鸣声响起，且变得越来越响。

小北极熊显然也听见了，它左右看看，随即抬起前爪、后脚着地，像人一样站立起来向远处张望，看了几秒钟后，它放下前爪、扭头就跑。

小满和花生循着它的视线眺望——一架红蓝相间的直升机正向这边飞过来。

姐弟俩喜出望外，朝着直升机拼命蹦跳、挥手、呼喊……

这下可有救了！

几分钟后，直升机缓缓降落在不远处，螺旋桨搅起的风把地面的雪沫卷上了半空，小满和花生被劈头盖脸的风雪吹得睁不开眼，忙用胳膊遮住头脸。

螺旋桨转速变慢，直升机上跳下来一个穿得严严实实的人，他几步就追上了小北极熊，随后掏出枪来“呯”地射出一枪。

花生大吃一惊，当即怒发冲冠——挂着白霜的头发根根直立——哆哆嗦嗦地就要冲过去行侠仗义。小满慌忙拉住弟弟，把他推向另一个方向，大喊：“快跑!”说完自己朝相反方向逃去。

小北极熊中枪后又顽强地向前跑了几步，最后还是重重地摔倒在地。但那人并没有去看倒地的小白熊，而是转身朝姐弟俩追了过来!

小满机械地挪动着脚步，她全身都冻僵了，感觉只有心脏还在“扑腾扑腾”地奋力跳动着。棉拖鞋被积雪裹成两个大雪坨，她使出浑身力气才跑出十来步……后面的脚步声越来越近，紧接着羽绒服帽子就被扯住了……

2

直升机转过山峰，下方出现了一大片雪原。皑皑白雪上散落着形状各异的巨大冰块，有的像刚刚露头的笋尖，有的像马鞍，有的像楼梯，还有的像奇趣蛋……

戴着耳机裹着毯子的小满和花生，透过舷窗观赏下面的冰雪景色，同时听见那位叔叔朝对讲机说："是的，两个小孩……看起来没受伤……确实很奇怪……嗯，这就把他们带回去。"

通话完毕，他对姐弟俩说："先带你们回基地，然后再联系你们的家人……暖和过来了没有？"

——刚才这位飞行员叔叔发现雪地上的姐弟俩之后相当吃惊，为了防止小北极熊逃跑，他一下飞机就先麻醉了小北极熊，然后把乱跑的两个人抓回来安顿进机舱，最后才把小北极熊装进笼子抬进了直升机。

见二人点头，飞行员叔叔立刻问道："你们穿的这是什么啊？装备丢哪儿了？你们的父母呢？"

“他们跟朋友聚会去了。”小满没有回答他们二人为何会穿着羽绒服、家居服和棉拖鞋出现在北极，而是直接回答了最后那个问题。

“聚会？在极地？这周围我也没见有营地啊？你们从哪跑来的？”飞行员叔叔追问。

“时空之门！”花生立刻回答。

“时空……之门？在哪？刚刚的位置吗？”

“别听他瞎说，”小满赶快转移话题，“叔叔，你这是要把小北极熊送到动物园去吗？”

飞行员打算带他们回去之后再慢慢询问——刚才那个地点的坐标，在他出发寻找小北极熊时已经标记过了——因此就没再纠缠“时空之门”的问题，而是回答道：“不去动物园，它跟妈妈走散了，我追踪它耳标显示的位置赶过来，是要送它去跟妈妈会合，没想到遇上了你们……”

“叔叔，它和妈妈怎么走散的？”小满追问。

“北极熊是生活在浮冰上的，往年这个时候刚刚那片海域上都是大块浮冰，但最近几年浮冰越来越少，今年更是一块

冰都没有。它们为了找食物走了很远的路，沿途只能吃些鸟蛋、地衣、苔藓充饥，但这些东西对北极熊来说完全不够。由于吃不饱，小北极熊体力不支，就掉队了。”

花生又问：“明年浮冰会多起来吗？”

“可能性不大，北极是受气候变暖影响最大的地区之一。”

“北极熊们会不会饿死啊？”小满急道。

飞行员回答：“会，还可能会淹死，情况已经越来越严峻了……”回想起科考队上次开会公布的数据，他不禁叹了口气……

直升机平稳地飞行了几分钟。

飞行员忽然意识到两个孩子已经安静好一会儿了，他回头查看，竟发现后座只剩下两条毯子和两副耳机！

——机舱门关得好好的！

他赶紧掉头回去，可飞了好几圈也没能在下方雪地上发现两个孩子的踪迹。

飞行员立即跟基地连线：“基地，基地！那两个孩子不见了！”

“刚才就觉得你在瞎掰，耍我们呢，是吧？”对讲机中传出一阵笑声。

飞行员急忙辩解：“不是，真的有两个小孩！而且他们还……”

“完成任务后即刻返航，”对讲机里窃窃私语了一阵，才继续道，“稍后提交详细报告……”

3

小满和花生惊魂未定地环顾周围——餐桌上的小冰山融化了不少，冰水流到地上之后四下蔓延，很快就要大举入侵爸妈的卧室了。那堆可怜的冻鱼、冻肉、冻饺子不光软塌塌的，还被泡得湿淋淋的了……

迟疑片刻，小满轻声问：“回来了？”

“嗯，回来了。”花生也悄悄松了一口气。

姐弟俩愣了几秒后，不约而同地跑过去开冰箱门——碗盘里的水已经结了层冰壳，时空之门不见了。

二人心有余悸，要不是碰巧遇到那位叔叔，在北极寒冷的天气下，他们俩肯定坚持不到现在！还有一个更重要的问题，他们是怎么从北极的半空瞬间回到家里来的呢？

这时，“咔哒”一声，门开了，爸爸和妈妈从门外走进来——

“作业写完了吗……你们的脸怎么这么红……天呐！这是怎么回事?!”妈妈的声音陡然提高了八度。

爸爸急忙向姐弟俩使眼色：“赶快收拾，别惹妈妈生气!”

花生委屈地申辩：“我这是在做科学作业!”

妈妈愣了愣，语气缓和下来：“是吗？那……那你抓紧时间！这屋太冷了赶快戴上帽子、手套，千万别冻感冒了……还有，地面不能有水!”

爸爸赶紧贴着墙根跑去阳台拿拖把。

花生则立刻跑到厨房扯下整卷的一次性抹布，在桌子边缘围了一圈“水坝”。

见妈妈没有责备弟弟，小满也赶快凑过去帮忙——打扫完之后她也能趁机玩冰了！

第三章　垃　圾

用了五天时间，一家人才终于把那些解冻过一次的鱼、肉、饺子吃完——忽然解冻令这些食材的保质期急剧缩短。

这个周五晚上，吃腻了冷冻食品的姐弟俩拖出零食箱子，痛痛快快地吃着零食，看着动画电影，扔了一桌子的果皮、空瓶和包装袋之后就去睡觉了。

周六一大早，妈妈把两个人从床上揪起来，命令他们收拾餐桌。结果花生“石头剪刀布”输给了姐姐，他只好一个人打扫……

看着一片狼藉的餐桌，花生心中甚是懊恼——怎么每次都是自己输呢？——欸，有办法了！

花生把一次性桌布的四角拽起来，捏在一起，然后一拉，“稀里哗啦”……全部垃圾一网打尽！

“花生！你干什么呐!!”身后陡然响起姐姐的尖叫。

“收拾垃圾啊,”花生撇了撇嘴，“这不很明显吗?”

“你没分类!”

“小区的分类垃圾房不是还没启用嘛!”

“妈妈上周就要求我们开始练习垃圾分类了!”

“就这一次,”花生背起简易垃圾袋就往门口走，“下次再分……”

“不行!”小满一把扯住花生肩上的垃圾袋。

薄薄的一次性桌布哪里经得起小满的拉扯，“哗啦”一声垃圾飞扬。

当形状各异的水果皮、翩翩起舞的包装袋和五颜六色的饮料瓶落到地上之时，姐弟俩赫然发现他们脚下的地砖已变成了金灿灿的黄沙，除此之外，还有……辽阔的大海和广袤的天空——

这次二人竟被不知道什么时候出现的“时空之门”传送到了一座小岛上!

HAPPY

1

碧海蓝天，孤岛沙滩……他们以前只在电脑壁纸上见过这样的美景！可小满和花生再仔细一看，就觉得景色不那么美了——

靠近海边的沙滩上和岩石缝隙里遍布着五颜六色的垃圾：塑料袋、饮料瓶、塑料吸管、一次性餐盒、渔网、编织袋、食品包装袋……可谓是五彩斑斓、品类繁多。

然而，比垃圾更触目惊心的是小岛上的动物——

沙滩上有一具肚子里塞满了各种塑料制品的海鸟骨架，它肯定是因为误食了这些塑料垃圾而死的。

不远处，还有一只被塑料袋牢牢套住的绿色小海龟。塑料袋的一端挂在凸起的岩石上，随着小海龟的挣扎，塑料袋越勒越紧。

在小岛上的岩石的这一边，由木棍、渔线、气球绳和其他垃圾构筑的鸟巢中，一只黑嘴巴、白身子的小海鸟跟巢中乱七八糟的杂物缠成一团、动弹不得，只能无助地哀鸣。

而岩石的边缘还挂着张破破烂烂的渔网，虽然海面之上的那半截渔网已开始风化破损，但海里的另一半渔网仍在“兢兢业业”地进行着捕捞作业——网里有几十条鱼在扑腾。

“我们能不能帮帮它们啊？”花生皱着眉问道。

“可是咱们手边没有工具啊……”小满说着说着忽然提高嗓音，“等等……昨晚你借我的手工剪刀剪零食袋子，后来把剪刀还我了吗？！”

花生两眼一亮，立刻俯身在沙滩上寻找，没一会儿，就得意扬扬地拎着剪刀和破损的一次性桌布跑了回来。

小满瞪了弟弟一眼：“你就是这么收拾桌子的？”

花生没接这茬儿，把一次性桌布递给小满：“姐姐，你用这个来裹住它们，免得它们乱动！”

小满接过塑料桌布，协助弟弟剪开了小海鸟身上缠着的渔线，又把裹在小海龟身上的塑料袋剪掉了。

小海鸟和小海龟休息片刻后，飞快地逃离了这座可怕的“垃圾小岛”。

之后，花生剪破渔网，放走了被困的鱼。与此同时，小满已经把他们俩带来的垃圾全都拾回了“桌布垃圾袋”里。

救援工作结束后，花生又开始捡拾岛上的其他垃圾，小满跑过去帮他撑着袋子。

姐弟俩一路走一路捡，不放过任何一个岩缝。正捡得热火朝天，忽然眼前一暗……他们又回来了！

2

小满和花生愣了愣，互望一眼，都在对方眼里看到了遗憾——若能多停留一分钟，他们就可以把垃圾全都捡完了。

“你们干什么去了？搞得这么脏?!”妈妈正端着水杯从书房走出来，看到小满手里的袋子立刻大惊失色，“让你们收拾桌子、扔垃圾，怎么反倒还捡回来这么多?!”

“这又怎么啦?”爸爸听见妈妈一惊一乍的声音，也从书房跑了出来。

“你看看你家这两个小祖宗！出去捡垃圾去了！这得带回

来多少细菌、病毒啊！”妈妈生气地说。

小满忙辩解：“是在练习垃圾分类！”

“我们家垃圾种类不够，所以又出去找了一些！”花生赶快补充道。

爸爸见妈妈又要发作，赶快打圆场：“这种科研精神十分可嘉！爸爸来指导你们分类！”

妈妈立刻转头瞪了爸爸一眼：“做完‘实验’别忘了消毒！”说完，气呼呼地回了书房。

爸爸拿来了四个垃圾桶和一大两小三副乳胶手套：“开始吧。”

小满和花生“哗啦”一声放下“垃圾袋”，爸爸看着这堆颇有时光痕迹的垃圾沉思了几秒，问道：“这些垃圾看起来都暴晒很长时间了，你们从哪儿捡的？”

“在……挺远的一个垃圾桶旁边，那个垃圾桶好像废弃不用了。”小满赶快回答。

爸爸没再深究，边分拣垃圾边讲解：“咱们市的垃圾分为四类，可回收垃圾、有害垃圾、厨余垃圾和其他垃圾。可回收垃圾包括纸类、塑料、金属、玻璃、纺织物这些；有害垃圾是对人和环境都比较危险的垃圾，根据我们家的情况，需要废弃的温度计、电池、过期药品、消毒剂这些都属于有害垃圾；厨余垃圾就是果皮菜叶、剩饭剩菜这些容易腐烂的垃圾；其他垃圾是除去上述三种之外的垃圾。你们现在试着分一分吧，如果不清楚还可以上网查一查。”

“可是为什么要给垃圾分类呢？”花生问。

“垃圾分类就是为了更好地回收可利用垃圾，并且降低垃圾对环境的破坏。比如把厨余垃圾单独分出来可以用来堆肥、制造沼气；有害垃圾集中无害化处理可以减少污染；可回收垃圾收集起来回收利用，能够节约资源；其他垃圾中没有了水分较多的厨余垃圾和有害垃圾，可以焚烧得更充分，同时降低污染物的产生，残渣也方便利用……”

“爸爸，这些垃圾会漂到海上去吗？”小满忍不住问道。

“不会的，城市的生活垃圾会送到垃圾处理厂。”

“那海岛上的垃圾是从哪儿来的呢？”花生忙问。

“没有丢进垃圾箱的垃圾，被风或者雨水带进了河里，当河流汇入大海的时候，所携带的垃圾也进入了海洋，并随着洋流漂到了小岛上。除了这些以外，如果把海上的船只产生的垃圾丢进海里，垃圾也会漂到附近的小岛上。”

“城市的垃圾处理厂会怎么处理垃圾呢？”小满追问。

“现在的垃圾处理方式，主要有填埋和焚烧两种。填埋厂占地面积太大，而且若是设施不够完善的话，容易造成渗滤液和填埋气的污染问题……”

“什么液？什么气？”花生问。

“简单来说就是垃圾产生的臭水和臭气，”爸爸耐心解释，“臭水会污染土壤和地下水；臭气会污染空气，除了释放有害气体外，还会产生温室气体甲烷，所以我们市的处理方法是焚烧。不过现在垃圾焚烧炉末端的烟气处理装置只能处理粉尘、硫化物等有害物质，如果能增加一个……”

爸爸说着说着摘下橡胶手套扔进“其他垃圾”桶内，大步走回了书房。

姐弟俩耸了耸肩相视而笑——爸爸又丢下手头的事情，跑去想他的科研问题了。

第四章　珊　瑚

学会垃圾分类后，姐弟俩约好轮流倒垃圾。今天轮到了花生，可他躲进卫生间好久都没出来，小满觉得有必要使出雷霆手段了——

“开门，开门，快开门！你都进去多长时间了?!”小满拍着门大叫。

卫生间门应声开启一条缝，花生一脸慌张地竖起食指贴在嘴唇上，压低声音说：“嘘嘘嘘！小声点儿，别打扰妈妈午休!”

“我看你是怕被妈妈听见过来‘修理’你吧！”小满说着就从门缝挤了进去，“你是不是想逃避劳动?!”

“不是不是，绝对不是！”花生赶快关上门，又抢先一步跑到了浴缸前。

“这是……哪来的?”小满此时已忘记了监督花生倒垃圾

的重大使命，她的注意力完全被浴缸里的大船所吸引——

玩具船蓝白相间，长长的甲板上支起一个黄色的吊钩，画着黄圈的停机坪上停着架红色的直升机。大船旁边还飘着一只橙色的充气艇。

花生小声说："我跟同学借的。"

"好漂亮啊！"小满回身去夺花生手中的遥控器，"给我玩玩！"

花生举着遥控器躲闪："哎，别别，你先看我给你演示……"

争抢遥控器的两人忽然感觉眼前一亮，"示"字的余音远远飘散开去。

等适应了强光以后，小满和花生才发现他们俩正坐在一艘不停摇摆的橙色充气艇上。

充气艇上除了他们俩之外，还有一只银色的大箱子，箱体上印着"海洋研究所"五个字。

蔚蓝的天空中没有一丝云，海水反射着明晃晃的阳光。

1

两人只愣了一秒，就意识到他们这次竟被传送到了大海上！

“上次我就没看见‘时空之门’，这次你看见了吗？”小满忙问道。

花生眨了眨眼：“我也没看见……”

小满皱起了眉：“这也太奇怪了。”

充气艇的晃动幅度终于变小了。

“热死了！这次是哪儿？热带吗？”花生边说边扒下了家居服。

随着花生的动作，充气艇又晃了几晃，小满忙说：“你慢着点儿！”

花生从善如流，轻轻地把衣服搭在船舷上。

就在这时，“哗啦”一声，一只手从海水中伸出来，紧紧抓住了衣服旁边的船舷，充气艇顿时一歪。

“啊——”小满和花生惊叫起来，花生的衣服伴随着他们的叫声落入了海中，慢悠悠地沉了下去。

充气艇接着又晃了两晃，一个穿着深蓝色潜水服的人爬到了充气艇上。

姐弟俩惊恐地闭上了嘴。

那人摘掉面罩，气喘吁吁地问：“你们俩从哪儿冒出来的？”说完环顾四周，又说：“是不是刚才那艘游艇上的小孩？”之后打量着二人的衣着，皱了皱眉。

这是个漂亮的短发阿姨，声音很好听。

小满默默地脱下家居服抱在怀里，清了清嗓子，又把身子向后靠了靠：“我们……”

“当心！”短发阿姨立刻扑过去护住了小满身后的银色箱子。

她小心翼翼地把采集到的样本放进了银色箱子，之后叹了口气，说：“这玩笑可一点儿都不好笑！扶好了，我先送你们回科考船上去，让船长帮你们呼叫游艇。”说完启动了充气艇。

下方银闪闪的鱼群受到惊吓四散游开，等充气艇驶离后又飞快地聚拢起来，就像无数银色的小镜子在海面下闪闪烁烁地变换着阵形。

待鱼群远去后小满才注意到，海面下是何等缤纷的世界——多彩的珊瑚姿态万千，有紫色的“鹿角”、橙色的“灵芝”、绿色的“头盔”、黄色的“石臼”……珊瑚间还有数不清的各色小鱼穿梭其间，有黄蓝条纹、红白条纹的，有长着鹦鹉嘴的、长得方头方脑的……天呐，一条背鳍上有个白点的小鲨鱼正贴着海底游过去！

“姐姐，你看那边！”

小满转过头朝花生手指的方向看——一大片洁白无瑕的珊瑚在青绿色的海水中熠熠生辉——她不禁惊叹道：“好美！”

短发阿姨也向那边看了一眼，低声说：“那片区域也白化了。”随后她就对姐弟俩说道：“我要先过去采集样本，之后再送你们回去。”

2

充气艇停在了白色珊瑚的上方，短发阿姨拿出仪器来，又是测量又是记录。

花生仔细观察着一棵枝杈好像都快伸出水面的巨大珊瑚，说：“白色珊瑚也挺好看的！”

短发阿姨叹了口气：“珊瑚变成白色可不是什么好事。”

花生忙问：“为什么啊？”

阿姨回答：“珊瑚由许许多多的珊瑚虫和它们的石灰质骨架构成，珊瑚的颜色大部分来自跟珊瑚虫共生的藻类……”

“公升？”花生又问。

“共生，共生就是两种不同的生物互惠互利、共同生长，”短发阿姨解释了概念之后继续讲道，“但是当海水温度升高时，共生的藻类会被珊瑚虫驱逐出去。失去藻类之后珊瑚虫就会褪色，于是显露出白色的珊瑚骨架。”

“白色珊瑚里面的珊瑚虫死了吗？”小满问。

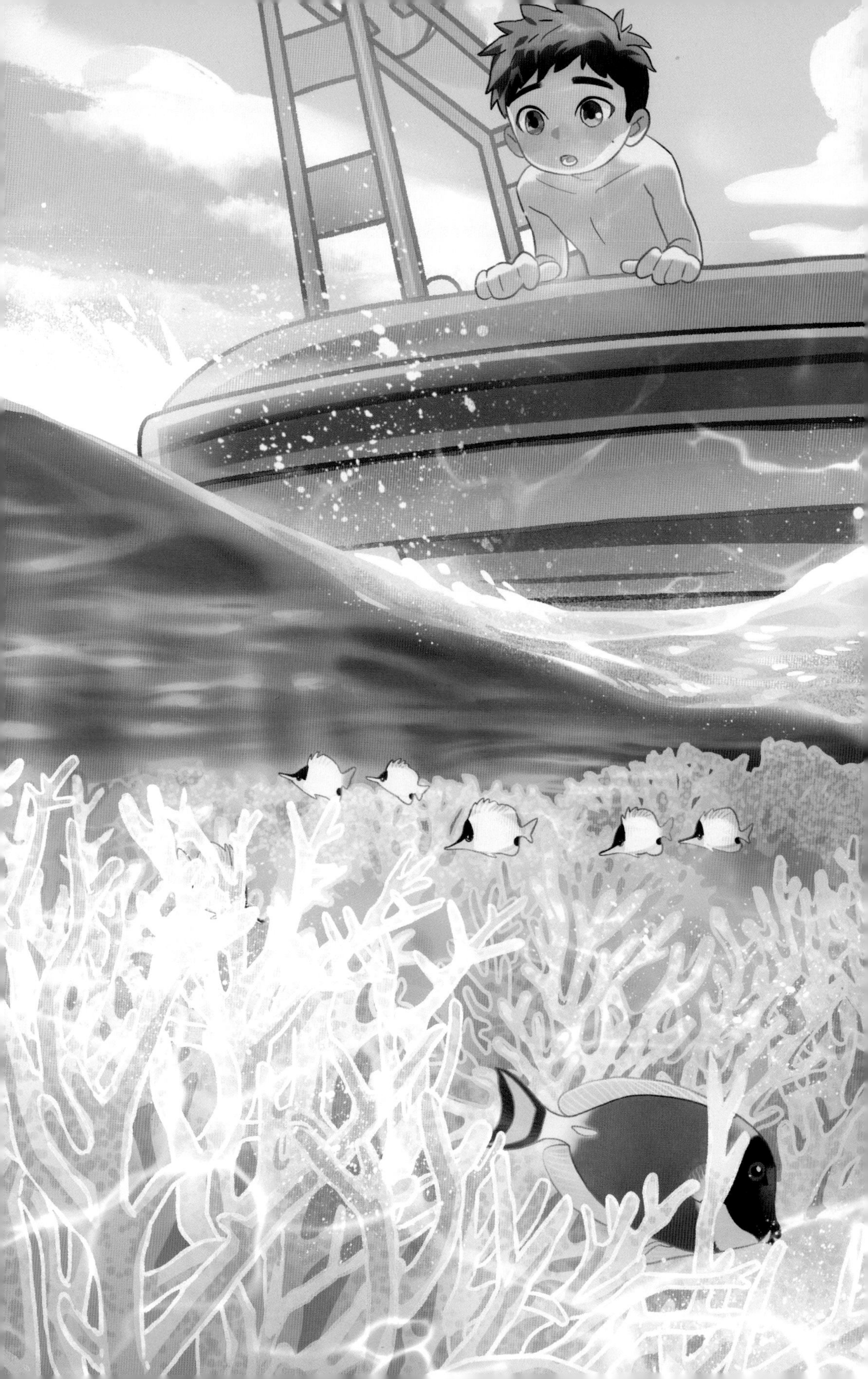

“没有，它们可以维持这种白化状态几个星期，如果海水温度降下来，它们就能从周围游过的浮游生物中获得新的共生藻类；如果海水温度一直比较高，它们就会死去。”

“海水温度变高？是因为气候变暖导致的吗？”花生赶快又问。

“是的，你知道的真多，”短发阿姨露出一个赞许的微笑，但随后又不无忧虑地说道，“由于大气中越来越多的二氧化碳进入了海洋，使得海水酸化、珊瑚礁溶解；气候变暖造成热带风暴频发，还会摧毁更多的珊瑚礁。珊瑚生长的速度可赶不上这样大规模破坏的速度。”

“那可怎么办呀？”小满急道，“是不是等我们长大以后就见不到这些美丽的珊瑚了？”

“野生的可能……”阿姨看到两个孩子清澈的眼眸，改口道，“但愿不会……我们这就回科考船上去吧……”

阿姨转身去启动充气艇，小满和花生却忽然眼前一暗——他们又回到了家里的卫生间。

3

过了几秒钟，眼睛才适应卫生间的光线，小满看清弟弟之后叫起来："坏了，你的衣服！"

花生低头一看，忙捡起之前掉落在地的遥控器塞进姐姐手里，飞快地跑回自己房间翻出袖子都短了一截的旧家居服穿上。

可他一出房间，就迎头撞见正从卧室走出来的妈妈。

妈妈打量着花生问道："你怎么又把这件衣服翻出来了？新买的家居服呢？"

"呃……出去玩的时候，丢了……"花生忐忑不已。

"丢哪了？去门卫室问了吗？"妈妈狐疑地盯着花生。

"嗯……门卫室没有。"

妈妈的声音立刻提高了八度："丢了一件衣服本身不是什么大问题，但如果不改掉丢三落四的坏习惯，等你长大工作了是会闯大祸的。以后一定要看管好自己的东西，知道吗……”

“嗯，嗯，知道了，下次肯定注意……”花生频频点头，一脸乖巧地聆听妈妈的谆谆教诲，实际上他的心思早都飘远了——

我以后也要当海洋生物学家！

第五章　银　杏

花生小心翼翼地溜进家门，看到妈妈的拖鞋摆在门口，他立时松了一大口气，鞋都来不及换就跑回自己房间，掏出书包里的《多彩珊瑚礁生物》塞进衣柜最下层抽屉里——周五就要期中测试了，妈妈多次强调这段时间不许看课外书。

“已经申请一个多月了，你们手续还没办完吗……”窗外忽然传来妈妈的声音。

花生跑到窗前探头往楼下一看，赶快把刚进家门的姐姐喊了来，姐弟俩一齐趴在窗口看热闹——

妈妈站在树下，指着楼上的窗口对物业的人说：“……你看看，树枝都伸进我家里了！”

物业人员面带微笑地回答了几句什么，妈妈立刻说：“我知道你们打报告了，但是这工作效率也太低了吧！”

物业人员继续解释说明，妈妈的脸色越来越差……

姐弟俩看得津津有味，都忘了把校服换下来。

“树枝伸进来还挺好玩的，你可以在上面拴几枚书签装饰一下。”小满拨弄了一下探进窗口的银杏树枝。这根树枝上挂满小扇子一样的金黄叶子，枝丫处还缀着几颗挂满白霜的银杏果。

“的确好玩，”花生坏笑着说道，“而且还‘芳香扑鼻’呢，我保证不出三分钟你就得被银杏果给熏晕！”

“你懂什么！”小满瞪了弟弟一眼，“银杏是裸子植物，银杏果其实是银杏树的种子，中医里叫白果，是珍贵的药材……”

花生撇撇嘴：“珍贵什么呀，小区里不是种了好多棵吗！一到秋天就臭气熏天的……”

“那是物业没管理好，”小满反驳道，“网上说白果能够缓解咳嗽、哮喘……”

花生瞪大了眼睛：“真的吗？那我多摘点送给一楼的李爷爷！”说着一把揪住银杏枝，摘下几颗白果揣进裤兜。

GDFX

小满拉住弟弟："别摘了，这是中药材，不能乱吃……"

话音未落，突然间狂风大作，姐弟俩站立不稳被卷上了半空。

1

小满和花生被大风裹挟着疯狂旋转，根本无法呼吸。二人惊恐不已，就在快要难以忍受的时候，终于"扑通"一声落到了地上。

头昏眼花了好一会，姐弟俩才看清周围——

地面干裂出无数缝隙，只有几根粗大的黑色焦炭直立着，周围没有树没有草，看不见一丁点儿绿色。

炽热的风渐渐平息，但空气无比灼热干燥，小满和花生感觉嘴里好像有沙粒，鼻孔都要喷出火来。

姐弟俩赶快拿出校服口袋中的备用口罩戴了起来……遮挡了一些沙尘，但呼吸时还是感到胸口火辣辣的。

"你们，是怎么跑到这儿来的？"他们身后忽然响起一个瓮声瓮气的女声。

小满和花生转身一看，那是一个发如枯草、脸色灰暗的阿姨，她穿着破旧的皮衣，戴着个简易防毒面罩。

姐弟俩刚想开口询问这是哪里，那阿姨突然大叫一声：“别动！”

小满和花生吓得一动不敢动。

阿姨快步走上前，伸出枯瘦蜡黄的手指，战战兢兢地摘下了小满头发上沾着的一片银杏叶。

“银杏叶！是真的……”说完，她忙不迭地从包里翻出一只脏兮兮的玻璃瓶，小心翼翼地把银杏叶装了进去。

姐弟俩被这个阿姨奇怪的举动吓到了，一时竟不知所措。

收好玻璃瓶，怪阿姨皱眉打量二人。她脸色变了几变，最后换成一副和蔼可亲的笑容，说：“这里不能久留，黑沙暴距此还有两百千米，你们……要不要先跟我回阿尔法城？”

小满和花生互望一眼，凭他们有限的知识量，从未听说过叫这个名字的城市，不过“黑沙暴”一听就很可怕，所以他们坚定地点了点头。

2

姐弟俩一前一后坐在摩托车上，猛烈的热风排山倒海般扑面而来，别说睁眼了，连呼吸都费劲，即便是坐在后座的花生也没好过到哪去。

那位阿姨很快发觉了异常，停下摩托车惊愕地问道："你们没做这方面的改造？"说完打开储物箱拎出两个简易防毒面具，吩咐道："戴上呼吸面罩。"

小满和花生顾不得问"改造什么"，赶紧接过面罩戴上，这才感觉呼吸顺畅了，好像重新活过来一般。

随后他们发现，三人正停在一处年久失修的海岸公路上，而大海的样子着实可怕——岸边堆积着大片白色和绿色的泡沫，绵延不绝，海水的颜色也泛着诡异的黄绿色，跟"蔚蓝"这个词一点儿都不挨边。

花生忍不住问道："阿姨，这是大海吗？怎么变成这个样子了？"

情景需要，请勿模仿

"还不都是你们公司……"那阿姨陡然止住话头，热切地催促："黑沙暴转眼就到，我们得赶快!"她的语气中带着莫名其妙的喜悦，很是怪异。

虽然知道对方可能误会了，但小满和花生来不及解释，飞快地跳上了车——现在他们视野开阔，可以清楚地看到，远处黑色龙卷风将半个城市都裹了进去。

摩托车疾驰，风沙越来越大，一路上姐弟俩只能紧闭双眼埋下头。不知过了多久，摩托车终于停下了。这里是一片断壁残垣。

远处的黑沙暴看起来再有十来分钟就要卷过来了，小满和花生一刻都不敢在外面多待，顶着越来越狂暴的风沙，紧跟在阿姨身后钻进了某栋残损建筑的升降机里。

刺耳的机械声响起，升降机缓缓降下。这升降机的空间很大，样子跟大商场的货梯差不多，但没有楼层标识，且颇为陈旧。

约莫过了五六分钟，升降机"咣当"一声停下，三人进入一条低矮的走廊。

走廊里灯光昏暗，水泥墙上没有粉刷任何涂料，只是遍布着暗黑色的斑点。几个面黄肌瘦、衣衫破旧的人看到三人以后，悄声议论起来。

在迷宫一样的甬道里走了两三分钟，阿姨把他们领进一个房间，说了声："小哲，你看着他俩。"之后转身离开，并反锁了房门。

为什么要锁门？姐弟俩有点纳闷——外面正刮着黑沙暴呢，他们哪敢出去呀……

这个房间还算整洁，左边靠墙放着金属衣架，横杆上挂着三套灰扑扑的衣服，墙壁上贴了幅破旧的世界地图，但这地图很奇怪，跟小满和花生家里的地图不太一样——大陆都变"瘦"了，而且还这缺一块那缺一块的。右边的墙壁上挂着一幅陈旧的风景画，墙角的床上斜倚着一个脸色灰白、嘴唇发紫的十三四岁少年，他应该就是小哲。

小哲正在喝着什么，见二人进来就轻轻放下了碗。

小满看到碗里还有半碗浑浊的汤，上面浮着几片肉，碗底好像还有个尖尖的小脑袋……

“沙鼠汤。”小哲低声说，他的声音非常干净。

听说是老鼠，小满吓得后退了两步。她犹豫了一下，没敢直接问小哲为什么要喝老鼠汤，于是就小心翼翼转弯抹角地问道：“呃，小哲哥哥，这汤是……偏方吗？你生病了？”

“哮喘。”

花生一听，忙掏出裤兜里面的银杏果递过去：“给你吃这个吧，白果，听说能够缓解哮喘……”

不等花生说完，小哲突然坐直了身子上上下下打量二人。几秒钟后，他惊疑不定地问：“是你们偷拿出来的？”

“什么偷？！”小满立刻辩驳，“是从我们小区的银杏树上摘的。”

小哲挑了挑眉：“他们还真把灭绝了几十年的银杏培育出来了……”

小满听得糊涂正要发问，却感觉衣袖被花生猛地一拉，他顺着弟弟的视线一看，墙上那奇怪地图的右下角赫然印着：

公元2070年制。

3

四十七年后的世界地图？

姐弟俩惊恐地盯着地图说不出话来。

沉默了三分钟，花生还是忍不住问道："现在是哪一年？世界怎么变成这样了？"

小哲审视二人一番后，冷笑道："现在是2083年，你们这些不知人间疾苦的家伙……不过对供体来说，什么都不知道也算是一种幸福。"

花生急道："什么供体？我们来自六十年前……哎哟！"

小满又急又气，狠狠掐了弟弟一把，花生还没弄清楚现在什么情况就把底牌亮出来了！

小哲盯着二人沉默了几秒，冷笑道："呵呵，他们是这么跟你们说的？那好，既然他们不想让你们知道真相，我就偏要告诉你们——

"21世纪初，气候变化越来越明显，但应对气候变化的全球行动却因为各种政治经济原因而进展缓慢。就这样一直拖延到21世纪中期，当地球的平均温度增长超过了一个临界值，于是缓慢的气候变化演变成了剧烈的气候灾难——两极冰盖崩塌，全球冰川都开始加速融化，海洋环流突变。冰川下的冻土释放了巨量的甲烷，导致全球温度快速上升，更加速了全球冰川融化，于是海平面上升，一些海拔较低的岛屿和沿海城市被淹没。而温度上升更使得海洋蒸发出大量的水蒸气，这些水蒸气进入大气循环，造成了剧烈的极端灾害天气——特大飓风、雷暴、区域超强降水频发，力量越来越强，毫无规律……各地都爆发了特大洪水，洪水过后河流改道，许多沿岸城市被淤泥碎石所掩埋。

“而且随着冰川和冻土融化，释放到大气中的不光有水蒸汽、甲烷，还有远古的细菌和病毒，以及19世纪被冰川捕获的杀虫剂DDT和氯丹等有毒有害的化学物质，传播疾病的蚊虫因为气候变化，活动范围扩大了几十倍，高温、潮湿、蚊虫病、瘟疫，人类损失了近一半的人口，牲畜也全都病死了。”

小满和花生听得目瞪口呆，未来这么可怕吗？

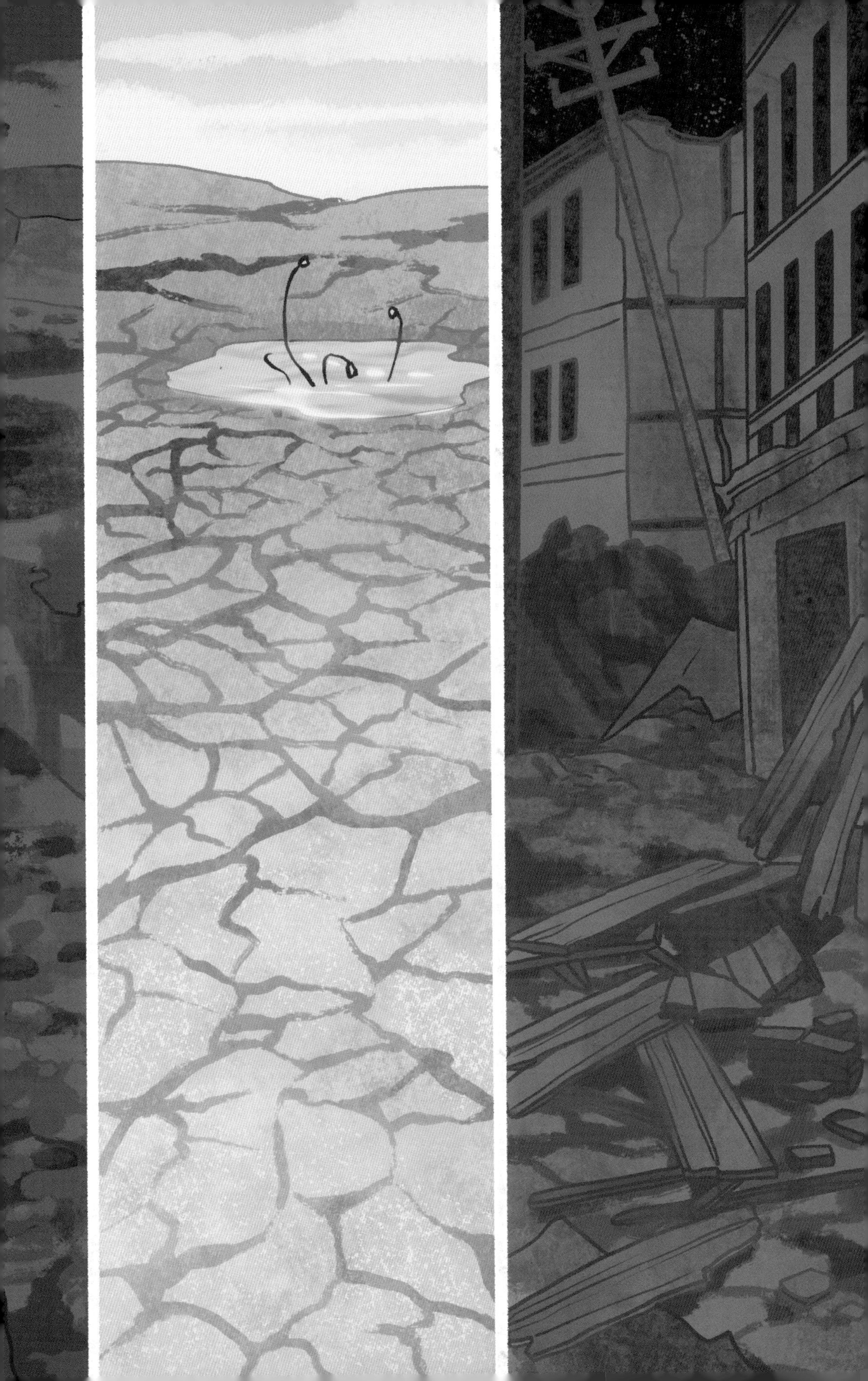

“飓风、洪水、瘟疫这些还只是开始，”小哲看了二人一眼，继续说道，“熬过了瘟疫的人们面临着更恶劣的生存环境——冰川没有了，所以淡水资源分布范围毫无规律，全球大部分地区都处于干旱中，森林大片大片枯死，而干旱引起了山火，又导致森林进一步消失；干旱令全球绝大多数的耕地变为沙漠，但雨水充足的地方也不好过，太多的降雨将那些地方变成了沼泽，不再适合耕种。粮食危机造成了严重的饥荒，地球只剩下了20亿人口。”

“只剩下了四分之一……”小满低声道。

小哲摇了摇头：“还没完呢，地球上仅存的几个国家全都陷入了争夺水资源的战争中。而战争到最后就没有国家的概念了，只剩下了几个大的资源集团。他们想要一劳永逸地解决气候问题，于是孤岛繁星生物科技集团在海里释放了一种人工改造的藻类，希望它们能够快速吸收大气中的温室气体。结果这种还处在实验阶段的藻类引发了更大的生态灾难，浅海生态圈和几大渔场全都毁了，只有深海的海洋生物逃过了一劫。人类的生存环境进一步恶化，到现在地球上只剩下了7亿人，绝大多数只能躲在地下城市中，以蚯蚓和沙鼠为食物……”

“这碗沙鼠汤是食物，不是药？”小满问道。

小哲苦笑了一下，点点头。

“怎么这么轻率就释放了实验藻类？”花生追问。

“其实还有其他几种地球工程计划，比如建造温室气体过滤工厂、在太空建造太阳帆、在大气中释放类似火山灰作用的颗粒物以及提高云层亮度，等等。但因为资金和技术的原因都没能实施。幸存到现在的人们也时常在想，也许换另一种方法，生态环境不会恶化到现在这样无力回天的地步……其实在过去的几十年中，人类有好几次扭转局面的机会，可惜都错过了……”

“你说的‘供体’是什么意思？”小满见缝插针问出了那个关键性问题。

小哲又仔细打量了二人一番，这才答道：“各地的种子库和DNA库都在大灾难中损毁了。五年前，以孤岛繁星生物科技集团为首的几个大公司悬赏搜集濒危物种的DNA，我妈妈就是一个DNA猎人。孤岛繁星公司研究这些的最终目的是要制造出适合星际旅行的新型人类，之后把集团高层的意识传输进这些新人类——也就是你们这样的供体——大脑之内，最后逃离地球。所以你们俩是从孤岛繁星公司逃出来的吧，不但逃出来了，还带出了他们培育的银杏果……”

“你怎么就这么笃定我们是孤岛繁星公司的人呢？”小满十分不解。

小哲冷哼一声，指了指两人胸口。

姐弟俩低头一看，他们的校徽下面赫然绣着GDFX四个字母——“工大附小”，和“孤岛繁星”一模一样的首字母！

小满和花生哭笑不得，正想解释，房门“嘭”的一声被撞开了，一群身穿隔离服的人在小哲妈妈的带领下冲了进来。

——姐弟俩“时空穿越者”的身份暴露了！

正在二人手足无措之际，他们眼前陡然一亮！

“……你们的工作态度就是拖延吗……再这样我可要打市长热线投诉你们了……”

妈妈还在楼下“耐心”地交涉着……

小满和花生眨了眨眼——没有破败的地下城，也没有蜂拥而至全副武装的未来人，只有一根微微颤动的银杏树枝，和树枝上被晚霞映成了橘色的“小扇子”……

他们回来了！

第六章 溯 源

“未来实在是太可怕了!”小满放下组装图，叹了口气。

尽管上次的“未来之旅”有惊无险，但小满和花生回来后变得忧心忡忡，连新买的蒸汽火车拼装玩具都没有心思拼。

“未来怎么会变成那样呢?”小满皱紧了眉头。

“小哲不都说了吗，”花生掏出盒子里最后一包零件，“因为气候变暖。”

小满的眉毛拧成一团：“可气候变暖又是什么原因造成的呢?”话音未落，她就感到眼前一暗，桌子连同上面的零件全都不见了。

1

花生正拿着一包零件要撕开，这时也不由得愣住了：“好大的雾呀！”

——这一次，他们来到了一个雾气蒙蒙的世界。

小满又惊又喜：“从来没见过这么大的雾，像仙境一样！”

然而几秒钟后，他们就感觉不对劲了——雾气颜色发黄、气味呛人，还有一种说不上来的臭味，连眼睛也感觉火辣辣的。

可惜这次他们俩没穿校服，所以衣兜里也没有口罩。

花生用手捂住口鼻，问：“这次又是哪？”

“会不会是……末世之后的地球？”小满一边东张西望，一边猜测着。

透过雾气，她勉强看清身后那堵墙是由红砖砌成的，砖缝里积着厚厚的黑灰；墙边有砖砌的楼梯延伸上去，楼梯扶手是黑色金属材质的；地面由各种形状的石块拼成，上面也积满黑灰，拖鞋踩上去感觉滑滑的。而不远处的一个木质门框上挂着斑驳的招牌，上面都是大写的英文字母。

还不等小满把单词拼出来，忽然眼前黑影一闪，接着听到花生的叫声："啊！强盗！还给我！"然后她就看到花生紧跟在一个十八九岁的黑衣男生身后冲进了雾中。小满没时间细想，赶忙去追弟弟。

三人转过几个街角，跑上了大路。一位穿着黑制服戴着圆帽子的交警正拿着火把指挥交通，他的口罩上镶了个铁框子，样式非常奇怪。人行横道右边，方头方脑的黑色汽车排成了长队，左边一辆双层巴士在使劲地鸣着笛，所有汽车都灰头土脸，屁股后面还"噗噗噗"地喷着黑烟。

他们三人横穿马路，在交警的喊叫声中跑上了路边的人行道。行人们用头巾和手帕等掩住口鼻艰难行进，路边建筑中，所有房间的灯都亮着。

雾气渐渐淡了，可小满穿着拖鞋跑不快，只能紧盯住弟弟的背影不放。

又追了几分钟，前面的花生停下来了。小满忙跑了过

& SPENCER
TEA

BELL
HOTE
ALDWYCH
FLEET STREET
ST PAUL'S CATHEDRAL
15
TOWER HILL
CAFE
BAZA
SHIF
Milkm
ALM 22B

去，看到花生正双手撑着膝盖拼命喘气，喘上几口气之后就要咳嗽两声。

小满拍着弟弟的后背责怪道：“你怎么又乱跑，多危险呀！”

花生的气儿终于喘匀了：“缺了那一包零件，我们的蒸汽火车就拼不起来了！”

“那你追上了吗？”

“没有……咳咳，眨了下眼，就没盯住。”花生直起腰来。

这时，姐姐指着远处说：“你看那边……”

花生发现，他们此时正站在河边，一艘冒着黑烟的轮船“呜呜”地鸣着笛驶过河道；河对岸，巨大的烟囱一刻不停地喷着黑烟；附近住宅区的小烟囱高低错落，也全都喷吐着或黄或黑的浓烟。

眼睛火辣辣的感觉越来越强烈了，两人几乎要流下泪来。

“这是什么可怕的地方啊？”说完小满也眯着眼睛剧烈咳嗽了起来……

“小满你怎么咳嗽了？感冒了吗？”身后忽然传来妈妈的声音！

2

小满转头一看，拿着炒勺的妈妈正推开厨房门——他们回来了！

花生忍不住又咳嗽了两声，他挠了挠头，额角留下了几道黑指印。

“手怎么这么脏？”妈妈一见，立即冲过来拎起花生的衣袖问，“还一身的煤烟味，你们烧锅炉去了？”

“锅炉不是烧天然气的吗？”花生扬起脸问道。

“也有锅炉是烧煤的，”妈妈说完也困惑起来，“这附近没有锅炉房呀……”接着又抬头看看上方：“空调顶上的灰落下来了？这么黑吗……你们俩是被灰尘呛到了？赶快去洗澡换衣服！吃完饭我得把空调上面的积灰擦干净……”

……

傍晚，换洗干净的姐弟俩看着桌上的玩具零件沉默不语。

“怎么办?”花生问。

“还能怎么办，收起来呗……”小满拿出了包装盒。

“你说他为什么要抢零件?”

“那谁知道呢，”小满把零件全都扫进盒子，盖上了盖子，“因为我们根本就不知道那是什么地方，所以也不知道那个男生为什么要抢我们的蒸汽火车零件……没准他以为是花花绿绿的糖果呢。”

“旁边商店的名字是什么?”花生又问。

“我没看懂，”小满稍微有点不好意思，“但应该是一个使用英语的城市。”

“这范围也太大了，”花生拿来了平板电脑，“我们来查查吧。”

3

半个小时后，直到妈妈在书房里喊“时间到”，小满才放下平板电脑。

“终于找到原因了。”她两眼放光地说道。

花生放下了手里的漫画书，问："什么原因？"他刚才旁观姐姐查资料，看了一两分钟就感觉无聊，径自看漫画去了。

小满一脸严肃地说："工业革命。"

花生眨了眨眼："工业革命什么意思？"

"我们今天去的地方应该是一个工业城市，就是那些大烟囱和汽车、轮船排出来的黑烟造成了气候变暖！"

"啊？"花生挠挠头，"那个工业城市这么坏吗？"

小满叹了口气，开始从头讲起："人类第一次工业革命发明了蒸汽机，第二次工业革命发明了电力和汽车，这些都是要烧煤、石油、天然气的，而烧这些东西就会把大量的二氧化碳排放到大气中，于是就造成了气候变暖。"

"二氧化碳是怎么让气候变暖的？"

"地球吸收了太阳的热量以后，大气里面的二氧化碳就像被子一样不让热量散发出去，除了二氧化碳还有其他一些保暖效果更强的气体，它们都被叫作温室气体……"

温室效应

花生一拍脑袋："就是因为烧煤、石油和天然气，导致气候变暖，小北极熊才没有饭吃，珊瑚也白化了的！"

小满严肃地点点头："就是这个原因！"

花生浓浓的眉毛皱成一团："那该怎么办呢？"

"是啊……"小满嘟囔着，"该怎么办呢？"

第七章　从　前

穿着潜水服的花生正在海底测量珊瑚，周围的温度忽然急速降低，没过多久，海水竟结了冰——然后他就被冻醒了。

房间里很冷，花生的耳朵和鼻尖冻得冰冰凉，只有被窝里还保存着一丁点热乎气儿。

他咬咬牙、掀开被子，飞快地穿上衣服，走到书桌旁一摸暖气——好凉！

花生赶快拉开房门大喊：“姐姐！咱家暖气坏了！”

1

小满穿着羽绒服坐在餐桌前，气定神闲地说：“没坏，是我关掉了。”

“为什么啊？”花生裹了裹家居服，“我的房间都变成冰箱了！”

“因为我们家的燃气锅炉烧天然气、排放二氧化碳，”小满瞪了弟弟一眼，“上次你也看到那个工业城市的污染有多可怕了，所以要从我们自己做起，减少碳排放！”

“啊，这……”花生感觉有点不对劲，但又说不出反驳的道理来——他也不愿意看到北极熊挨饿、珊瑚消失——于是只好转移话题，“那咱们先吃早饭吧！”

今天是周末，爸爸妈妈一大早就出门了，昨晚嘱咐过，让他们起床后自己热饭吃。

“燃气灶也要用天然气，我们就不热早饭了，”小满在餐桌上排出五包方便面，“选个口味。”

花生挠挠头：“红烧牛肉，我自己泡。”说完抓起一包方便面往厨房走。

“烧开水要用电，而我们市的电力是通过烧煤产生的，会有碳排放，”小满慢悠悠地说道，“所以不可以烧开水，咱们就干吃吧……”

花生瞠目结舌，这也太夸张了吧！

——不过他倒也不讨厌干吃方便面，所以就没提出异议，而是转头去找平板电脑，打算边看动画片边啃方便面。

但是他找遍了平板电脑日常“出没”的地点，连个影子都没看见。

“姐姐，平板电脑哪去了？”

“收起来了，”小满“咯啦咯啦”地嚼着方便面，“以后我们都不能再玩电子产品了！”

“为什么啊？”花生当时就急了，“这也太过分了吧！”

小满理直气壮地拍案而起：“因为要用电！用电会有碳排放！”

可下一刻，她就发现白色餐桌变成了木纹方桌，桌子对面还坐着两个人——他们穿着古代的衣服，呆若木鸡。

2

小满瞪圆了大眼睛，怔怔地看着对面两人——他们应该是一对母子，头发盘得高高的古装阿姨吓掉了筷子，头上扎了两个小鬏鬏的八九岁男生目瞪口呆。

“嘭！”

“哎哟！”

小满和那对母子一齐朝发出声音的方向看去，正瞧见花生揉着膝盖四处张望。

古装阿姨这才如梦方醒，赶忙拽着还在发呆的男生一起扑倒在地，一面念念有词，一面左左右右、来来回回对着两人磕头。

小满震惊不已，愣了好几秒，才赶忙撂下手里的半包方便面，说着“别、别，快起来、快起来”，生拉硬拽地把二人扶了起来。

“你们是……”小满想了想，改口问道，“请问现在是什么朝代啊?”

阿姨拉着男生站起来后，叽里咕噜地说了一通，姐弟俩一个字儿没听懂。

“这次竟然是古代！也太好玩了吧！”花生忍不住开始东瞧西看——

此处显然是厨房，墙边有砖砌的炉灶，灶上架着一口好大的锅。炉灶旁堆着木柴和干草，对面就是用来吃饭的木桌和长板凳。

“也不知道是哪个朝代，”小满轻声说，“古代人说话和我们相差好大呀。”

阿姨诚惶诚恐地偷瞄二人几秒后，唤着“随浪”低声吩咐了几句什么，那男生转身跑出门去。

这里应该还是夏天，天气很热。穿着羽绒服的小满一会儿的工夫已经热出了汗。她“唰啦”一声拉开拉链，脱下羽绒服丢在了长凳上。

肃立在旁的阿姨震惊不已，一双略显浑浊的眼睛不时偷瞄这件“奇装异服”。

花生参观完厨房，二话不说就往外跑。

“你干吗去？”小满忙追了出去。

“去看看别的房间啊！”花生大声说着，“好不容易来一趟古代，不仔细考察一下太说不过去了吧！”

“哎，别，”小满一把拉住弟弟，“你这样冒冒失失的太不礼貌了！”说完转头问紧跟在二人身后的阿姨：“我们可以参观一下您家的房子吗？”

阿姨显然没听明白，但她见小满询问，还是紧张而谦卑地连连点头。

花生一见女主人应允，立刻跑进了正对院门的屋子。

房间里有窄窄的长椅子和扶手椅，墙上还有挂画和对联；后面是一间书房，靠墙放着书案和很多线装书；书房后面是卧室，摆着衣柜和一张有顶和拱门的高大木床，窗边是梳妆台，摆着油灯、瓶瓶罐罐，还有一面铜镜。

“花生你看，这镜子好清晰！”小满叫道。

“真的呀，好厉害！”花生也感到很惊奇，然后又指着铜镜旁边一把木柄长长的小棕毛刷子问：“这是干什么的呢？”

小满伸头仔细看看，答道："这个造型有点像牙刷！"

"古代就有牙刷了呀！"花生惊叹，"这也太先进了吧！"

厨房对面的屋子也是卧室，布局比刚才的卧室简单。这些房间和摆设跟古装电视剧里的很像，只不过面积和尺寸都没有电视剧里的那么大。

兴致盎然地看了一圈后，两人又回到了院子里。那阿姨自始至终都恭恭敬敬、小心翼翼地跟在姐弟俩身后。

院子不大，墙边有棵粗壮的大树，树下码着些木柴，院子的另一边挖了个水池，里面泡着些长长的草，池边摆着个半人高的小水车，上面还缠着细麻绳。

"这个水车好小呀，"花生问，"怎么没放在水塘里？"

"不是水车，是纺车，"小满回答，"古代人的衣服都是自己纺线织布做出来的。"

花生咂舌："这也太厉害啦！"

这时院门开了，随浪拉着一位古装老奶奶回来了。

老奶奶脸上皱纹密布，眼珠混浊不堪，牙齿所剩无几，裤腿上还打了一块大补丁。

那老奶奶一见小满和花生，立刻就要叩拜，小满眼疾手快拉住了她，郑重说道：“别、别，再这样我们可待不下去了！”

三人听不明白内容，但能看懂小满的表情和神态，忙毕恭毕敬地站到了旁边。

“他们这是怎么回事？把我们当成王子、公主了吗？”花生挠着头小声问道。

小满偷笑：“咱们俩是突然出现的，可能是把我们当成神仙了！”

“家里只有你们三个吗？”小满又打着手势问随浪。

随浪诚惶诚恐地比比画画了半天，好像是说家里除了他们三个还有一个人，那人去赶考了，要很久很久才能回来。

花生从起床到现在滴水未进，又说了半天话，感觉嗓子都要冒烟儿了，他对阿姨说：“麻烦阿姨给我点儿水喝吧。”

这回他们完全没听懂，一脸诚恳地望着花生。

花生右拳虚握举到唇边，模仿喝水的声音：“咕嘟、咕嘟、咕嘟……”

对方三人面露惊诧之色，定格一样愣在那好几秒，最后还是老奶奶吩咐了一声，随浪才跑向屋角水缸。

“这有什么可吃惊的?”花生轻声嘀咕。

“可能是他们完全想不到‘神仙’也会口渴吧!”小满抿着嘴笑道。

不过水缸里没水了，随浪二话不说，拎起旁边的木桶跑了出去。

姐弟俩跟到门口正要往外走，小满的衣角被拉住了，阿姨和老奶奶急切地说着什么，同时又作势要跪拜。

“这又怎么了啊?”小满也急了，“语言不通真是太麻烦了!”

“她们可能以为‘神仙’要走了呢!”花生笑嘻嘻地说道。

小满赶快解释:“我们不走，就看看……”

但对方这次也没听懂，只是一个劲地哀求。

看她们这样，花生也不好意思继续往外跑，索性站在门口往外看——

香丰正店

李家香飲子
曲生脚店

外面街道上热热闹闹、人来人往，不远处就是一个挂着“曲生脚店”牌匾的店铺，看样子应该是个小饭馆；再往远一些是“李家香饮子”，柜台上摆着两排小碗，碗里装着各式各样的饮品。

随浪拎着水桶一溜烟跑到了街角。街角有口大缸，缸的上方伸出来一根粗粗的水管，流出来的水直接注入缸中。随浪手脚麻利地从水缸里舀水倒进桶里。

“姐姐你看，自来水！”花生兴奋地指着那边说道。

“真是自来水，古代就有自来水了！”小满也很吃惊。

两人还发现，水管附近有几个阿姨和姐姐在洗衣服，她们用黑色的团状物在脏衣服上涂抹几下，再用木棒“梆梆梆”地砸。

“黑色的是什么啊？”花生问。

小满看了一会回答：“好像是肥皂……”

忽然远处传来了号角声和一阵鼓声。

“这是什么声音？”花生又问。

“可能是更鼓吧？”小满猜测道，“就是报时的。”

这一会儿的工夫，随浪也拎着水桶回来了。阿姨赶快接过水桶，用半个葫芦壳把水舀进一个壶嘴细长的高水壶里，然后用干草引着了火、往灶里填进柴火，之后拿把大扇子不停地扇——炉灶里的火苗在扇子的指挥下跳起了欢快的舞蹈。

“这么好玩呀！”小满眼睛一眨不眨地盯着炉灶和水壶。

过了好一会儿，水终于烧开了，阿姨回屋搬出来一大堆奇奇怪怪的工具。她先是剥开一个纸包，拿出里面黑色的饼状东西。随后，阿姨用木槌从黑饼上砸下来一小块放进一个月牙形的凹槽里，然后把一个中间穿了根棍子的“铁饼”放在凹槽里，竖着滚来滚去地碾压。碾完之后，阿姨又把碎末倒进旁边一个小石磨里，仔仔细细地磨了起来……

小满看得津津有味，十多个小时滴水未沾的花生可实在等不了了，他边说着“不用这么麻烦，我们自己来就行啦”，边从那堆工具里捡出两个小黑碗，把水壶里的水倒了进去。

但是水太烫了，花生吹了半天也没能喝进嘴里去。

阿姨犹犹豫豫地停下了手头的工作，不知如何是好。这时，老奶奶从怀里摸出十几个铜钱交给随浪，并嘱咐了几

句。随浪答应一声，欢天喜地地出去了。

不多时，随浪领着位头戴布帽、系着围裙的小贩进了门来，那小贩笑意盈盈地捧着两个碗就要进院。阿姨忙迎上去接下碗，打发走了不住向院里张望的小贩。

“这又是谁啊？”花生小声问道。

看见捧着碗走进来的阿姨，小满恍然大悟：“是外卖小哥！”

花生兴奋不已：“古代就有外卖了！”

天色暗下来了，老奶奶拿来个插着蜡烛的木架子放到了桌旁。蜡烛的颜色灰黄，看起来已经放了好长时间，肯定是因为“神仙”光临才舍得拿出来用的。

借着微弱的烛光，小满和花生看到阿姨端来的是两碗掺杂着碎冰的小汤圆。

花生忙接过来，舀起一大勺——非常凉爽，只是甜味有些淡，但他已经顾不得细品了，狼吞虎咽地吃完了自己这碗。

这时天色已经完全黑了。

小满放下勺子，轻声说道："这次的时间有点长啊……"

"是呀，"花生看看周围，嘟囔着，"以前都没有这么久……"

老奶奶看了看天色，恭敬地将小满和花生请进了一间屋子。屋子不大，墙边摆着两张铺好了被褥的床，两扇纸窗很小，有些闷热。

随浪一家非常热情，很快就端来一个装满水的木盆——也不知道是给他们洗脸还是洗脚的。随浪还捧来个托盘，上面是一把半新不旧的牙刷和一小碟棕绿色的粉末。

花生拿起牙刷看了看，刷毛很硬，好像是某种动物的毛制成的，而且不是很干净……他实在没勇气把这种东西放进嘴里去。

所以花生省略了洗漱步骤，直接坐到了床上——但他随即又蹦了起来——床上的褥子不但布料粗糙，而且里面还不知道填充了什么材料，很扎人，反正肯定不是棉花！

可花生的脚刚一沾地，肚子就一阵绞痛，他忙问随浪："厕所在哪？"

随浪惊恐地望着一惊一乍的花生，不明所以。

正在研究另一张床铺的小满忙跑了过来："怎么啦？肚子疼了？"

"哎哟哎哟，厕所……"花生捂着肚子团团转，转着转着就觉得眼前一亮——

"回来啦！"小满叫了起来。

花生忙三步并作两步跑去了卫生间。

3

"怎么会拉肚子呢？"从卫生间出来后花生嘀咕着，"我今天吃什么了？"

"你好像只吃了一碗'小汤圆刨冰'，"说完小满眼睛一亮，"我想起来了，之前在书里看到过，古代冬天从河里取出来的冰要在冰窖里储存好几个月，到了夏天再做成冷饮，是不是你那碗里的刨冰不干净？"

花生感叹："没有电冰箱真是既不方便，又不卫生啊……"

"除了这个以外，我觉得该有的都有了！"小满表示反对，“你看古代有肥皂、牙刷，镜子也不像我们想象得那么模糊，有自来水、蜡烛……甚至还有送外卖的！”

花生立刻反驳：“古代的牙刷根本没有现在的好，刷毛很硬还不卫生！自来水也没通到每家每户，还要出门去打水；蜡烛和油灯光线昏暗，古代阿姨和奶奶的眼睛都不好了；虽然有外卖，但交通并不发达，外卖不能送太远，而且没有汽车、火车、飞机，去赶考来回都要好久好久！”

小满据理力争：“尽管有一点儿不方便，可是古代没有空气污染、气候也没变暖啊！”

这时，“咔哒”一声门开了。

“你们俩吵什么呢？”爸爸走了进来，“在楼下都听见了。”

第八章 和 谐

“爸爸，姐姐把家里的暖气都关了，还不许我烧水!”花生立刻告起状来。

“那是为了减少碳排放!”小满辩解完又补充道，“所以我们正在讨论是现在好还是古代好！嗯……确切地说，是工业革命到底好不好!”

“讨论的结果是什么呢?”爸爸换了鞋，去厨房打开了暖气。

花生得意地朝姐姐做鬼脸，小满狠狠地瞪了他一眼。

1

“我觉得古代好，因为没有那么多的碳排放。”小满抢先答道。

“我觉得古代很不方便，”花生反驳说，“没有燃气灶，烧水做饭又慢又麻烦；没有工厂，所以就没有现代的纺织机器，衣服和床单都要自己织布、自己缝，还不结实；也没有洗衣机，衣服全靠手洗；还没有钟表，无法知道具体时间；更没有电力、没有空调，房间闷热……特别是没有电脑、没有网络，多无聊啊……”

“这些不方便都是小事，”小满打断了弟弟，抢着说道，“爸爸，现在极端天气越来越多，去年非洲干旱，许多野生动物都渴死了，书里说这是由于气候变暖造成的。昨天我们还看到一个新闻，五大气候临界点随时可能被触发，这会引发极大的气候灾难！所以我觉得应该关掉所有的工厂和电厂，禁止碳排放！”

“关掉所有的工厂和电厂，一丁点儿二氧化碳都不排放？你觉得能实现吗？”爸爸推了推眼镜，微笑着答道，“极端的减碳措施不可取，也是不现实的，正确的方法应该是通过低碳项目、负碳项目和碳中和来减缓气候变化……”

“碳中和是什么意思？”小满瞪圆眼睛问，“倒是经常听到这个词，可一直不明白。”

爸爸笑了笑：“简单来说，是指排放了多少二氧化碳和其他温室气体，就要通过一些方法把这些排放量抵消掉……”

“什么方法？”花生问。

“通过植树造林、植被恢复、土地或海洋利用等方式从大气中清除二氧化碳。”

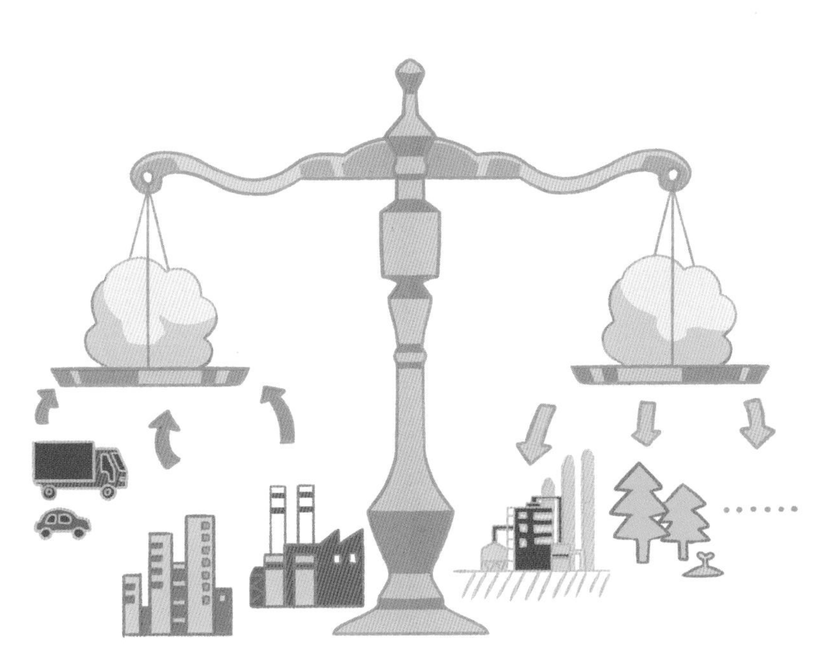

碳中和

植被恢复？小满突然想起那三只因为热带雨林被砍伐而跑到她文具柜里“避难”的动物，忙问道：“恢复热带雨林的植被是不是可以清除二氧化碳呢？”

“当然，热带雨林能够吸收很多的二氧化碳。”

“可是我们科学课上学过，植物晚上还要呼出二氧化碳呀？”花生提出疑问。

“呼出的只是一部分，植物也像你们一样是要长大的，在这个过程中就会把它们吸收的另一部分二氧化碳，转变成身体的组成部分，不让它们跑到大气中去。”

“原来是这样，”花生点点头又问道，“除了这些方法，我们现在还有哪些措施来防止气候继续恶化呢？”

爸爸想了一下，说道：“工厂里要开发高效环保的设备，提高能源利用效率。比方说，原来的机器，生产100个文具盒需要消耗1度电、排放1吨二氧化碳，那么我们就要开发出新的机器，生产100个文具盒只需要消耗0.5度电、排放0.5吨二氧化碳；同时，我们还可以在工厂里安装收集二氧化碳的设备，把二氧化碳封存起来或者做成其他产品，不让它们跑到大气中去。

高效环保工厂　　碳捕集

“电力行业除了要开发清洁高效的发电系统、安装二氧化碳捕集装置之外，还要发展智能电网和微电网技术，让电力更科学地调配；同时，还要大力开发利用那些发电过程中不会产生二氧化碳的能源——比如太阳能、风能、水能、核能、生物质能、地热能、潮汐能等。由于风电、水电等清洁电力输出不稳定，因此要开发储能技术——你们可以把储能设备想象为很大很大的电池；另外，我国清洁能源比较丰富的地方大都在西部，所以还要建立特高压输电线路，来把那些清洁电力输送到用电量大的东部地区……”

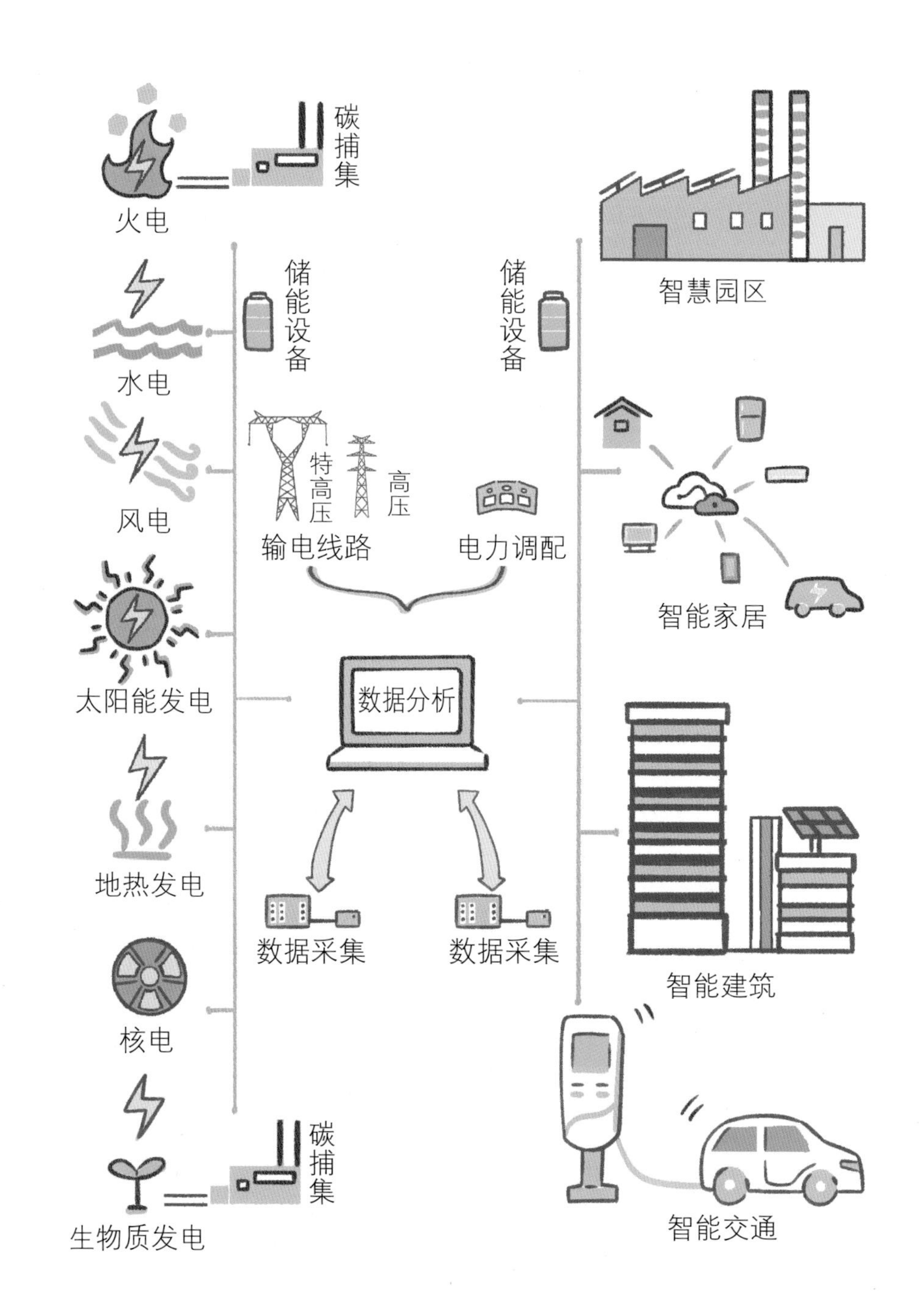
碳捕集
火电
储能设备
储能设备
智慧园区
水电
风电
特高压
高压
输电线路
电力调配
智能家居
太阳能发电
数据分析
地热发电
数据采集
数据采集
智能建筑
核电
碳捕集
生物质发电
智能交通

“这样的话我们家以后是不是也能用上清洁电力了？”小满忙问。

“没错，”爸爸点点头，接着说道，“还有建筑方面，要推广节能环保的绿色建筑，改造能耗高的老旧建筑——简单来说就是让房子冬天不容易变冷、夏天不容易变热；交通方面，在推广电动车的同时还要开发不排放二氧化碳的氢能源、生物燃料和氨能源汽车；同时，要发展循环经济，完善垃圾的分类和回收利用……”

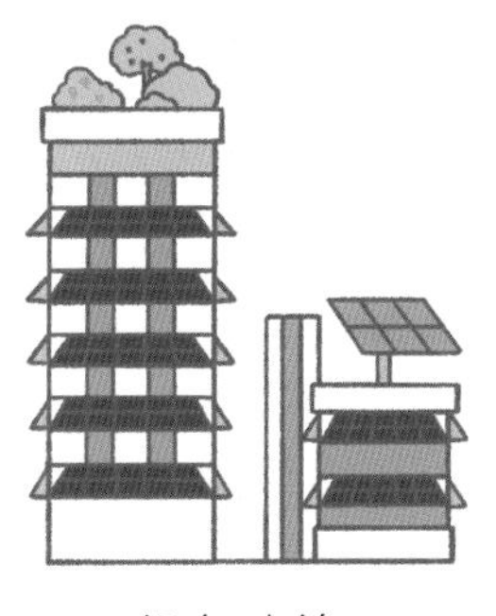

绿色建筑

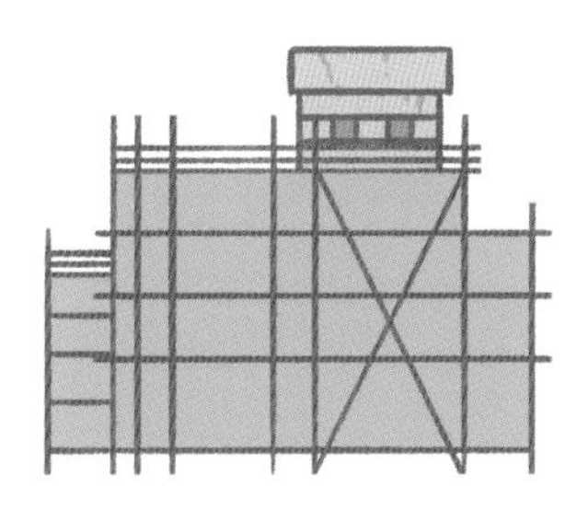

改造老旧建筑

电动车

生物燃料汽车

氢能源汽车

氨能源汽车

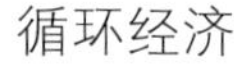

循环经济

垃圾分类和回收利用

花生又问：“可是烧掉垃圾也会产生碳排放啊！”

“焚烧垃圾时产生的热能可以用来发电、供热，同时进行二氧化碳的捕集、封存和利用，也就是碳移除，这样就能达到减碳的目的。”爸爸说完，见小满和花生似懂非懂的样子，拍了拍姐弟俩的肩，“其实爸爸的研究方向就是热能高效利用、低碳能源（生物质燃料）和负碳材料（生物质炭）的开发和制备，都与碳中和密切相关……正好今天周末，我带你们去实验室看看。”

“真的吗?!”小满和花生全都瞪大了眼睛，他们还从来没去过爸爸的实验室呢!

爸爸点头笑道:“赶快换衣服。”

2

三人下楼后，爸爸回头问小满:“周末怎么还穿校服?没穿羽绒服?”

花生望着姐姐一脸坏笑。

小满认真地答道:“羽绒服捐给需要的人了，他们家的老奶奶还穿着打补丁的衣服呢。”

“哦，这样的话，他们的确比你更需要那件羽绒服。”爸爸赞许道。

小满得意地瞥了弟弟一眼，开心地走在了前面。

……

爸爸课题组的实验室在一楼，实验室里面有两个大大的玻璃柜，每个柜子里都放置了一个插着管子、连接各种仪表的铁皮罐子。

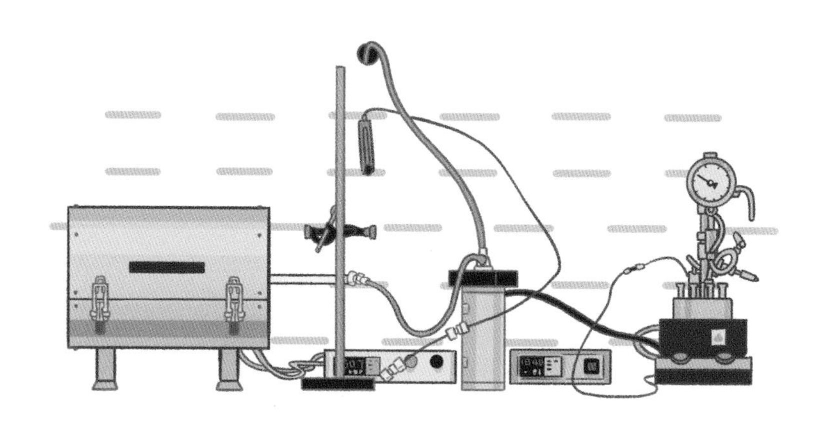

“这个大铁罐子是什么呀？”小满问。

“是实验室的炉子，里面在烧秸秆。”

“秸秆是什么？”花生问，“为什么要在罐子里烧秸秆？”

“秸秆就是小麦、水稻、玉米这些农作物除去可食用部分之后剩下的茎叶等部分，”爸爸解释道，“烧秸秆就是在研究如何更好地利用秸秆。因为若是把秸秆直接堆放在田边，秸秆就会腐烂，污染水和土壤，还会产生温室气体甲烷；打碎还田的话，除了会腐烂、产生甲烷，还会在土壤里形成很多空隙，不利于农作物生长，而且秸秆上的虫卵没有被彻底杀死，下一季的庄稼会发生虫害。”

“那就直接烧嘛，”花生想起了随浪家里的厨房，“做饭的时候当柴火烧。”

“以前是可以，因为那个时候秸秆量少，而且气候问题也没有这么严重。但现在秸秆的量太大了，农村也有燃气灶、液化气罐和电磁炉，烧水做饭根本用不了这么多秸秆，”爸爸继续说道，“前些年，耕种之前会集中烧秸秆，因为是露天焚烧，燃烧不充分，造成了大量的空气污染，好多城市都出现了雾霾。”

“那现在是怎么处理秸秆的呀？全都送来实验室吗？”小满问道。

爸爸笑了起来：“实验室也用不了那么多秸秆啊。现在的秸秆利用主要是‘五化’——饲料化，加工成畜牧业饲料；基料化，用来培育蘑菇、花木等；肥料化，加工成有机肥和生物炭基肥；原料化，代替木质原料，加工成纤维原料和生物基新材料；能源化，发电、供热、制沼气……爸爸的研究方向就是原料化——制备生物质炭，和能源化——把生物质作为煤的替代燃料。”

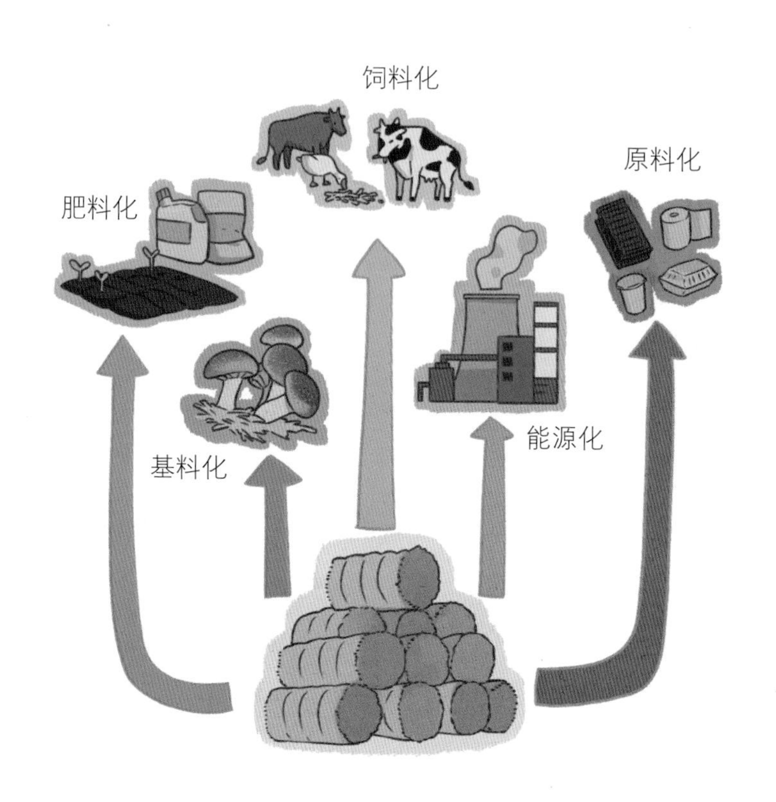

“替代燃料最后不还是要烧掉嘛?”小满撇撇嘴,“烧掉就会排放二氧化碳呀!跟烧煤也没有什么区别嘛。”

爸爸笑了笑:“这区别可大了。要知道,煤、石油和天然气是化石能源,是远古生物储存在地下的碳,我们烧掉这些化石燃料就相当于把远古时代封存的碳释放了出来,这样大气中的二氧化碳不就越来越多了嘛。

“而用秸秆来做燃料,则是低碳的。因为植物吸收大气里的二氧化碳，其中的碳元素作为机体的一部分固化了下来；当把秸秆加工成生物质燃料烧掉后，这些碳元素又会转变成二氧化碳排放出去——吸收后再排放的这个过程没有给大气增加更多的二氧化碳。

“目前，爸爸课题组在研究用生物质燃料替代煤来进行粮食烘干和水泥生产。同时研究‘负碳’能源系统——也就是在末端安装二氧化碳捕集装置，而且，装置中的碳捕集材料也是由秸秆烧成的炭制备的。”

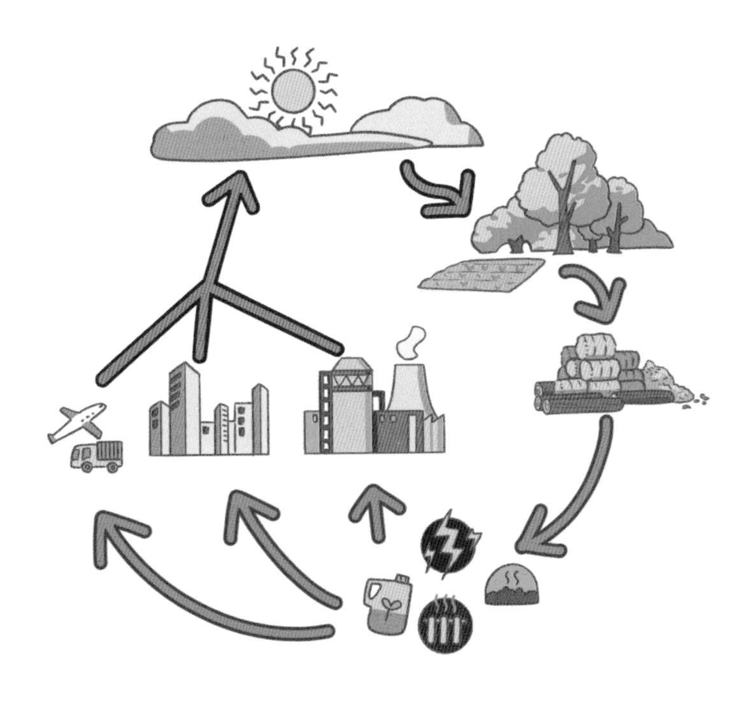

“秸秆烧出来的炭还能做碳捕集材料？”小满瞪圆了大眼睛。

“上次给你们讲垃圾分类时，爸爸就想到可以把秸秆制成碳捕集材料，之后一直在做实验。前些天课题组用玉米秸秆烧出来了碳纳米片，这是非常重大的技术突破，后面我们将会集中全部力量来对这一成果进行深入的研究……”

爸爸一边说着，一边打开电脑给姐弟俩看了一张图片：“你们看这个碳纳米片的比表面积非常大，通俗来说就是有很多孔，经过处理可以加工成只吸附二氧化碳的活性炭。吸附了足量二氧化碳的活性炭还可以加工一氧化碳，一氧化碳是非常重要的化工原料，能够合成各种液体、气体……”

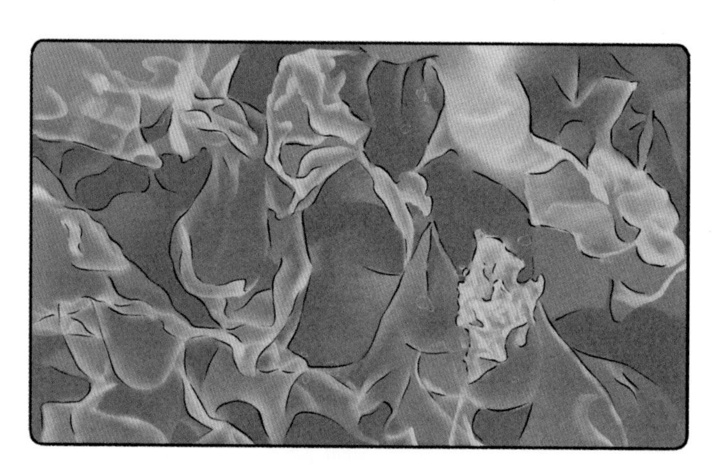

碳纳米片

“你看像不像黑色的银耳……”小满轻声问弟弟。

花生乐不可支：“黑色的不是木耳吗……”

小满一听，也偷偷笑了起来。

“……这个过程就是二氧化碳捕集和利用……”

爸爸还在滔滔不绝地讲着，但小学还没毕业的姐弟俩已经完全听不懂了……

从实验室回家的路上，小满若有所思地嘀咕着：“气候变化关系到地球上的每一个人，我们能不能做点什么呢？”

花生皱了皱眉：“我们两个小学生能做什么呀？”

“那我们就来开个家庭会议吧！”小满的眼睛亮了起来。

第九章　会　议

这个星期天，小满和花生向爸爸妈妈宣布，要召开一个家庭会议——姐弟俩用了一个月时间在网上查资料、在图书馆借书，利用所有的课余时间来学习和讨论，终于制订好了详细的计划。

“你们在搞什么名堂呢？”妈妈笑道，“会议的议题是什么？”

“开启低碳生活。”花生回答。

妈妈眨了眨眼：“‘低碳生活’是什么意思？”

花生拿出他们准备好的会议材料，读了起来：“为了降低温室气体的排放量，我们家要从现在开始节约水电气、减少过度消费、重视回收利用。”

爸爸笑着扶了扶眼镜：“那我们这样的普通家庭，具体应该怎么做才能减少碳排放呢？”

小满清了清嗓子，学着老师课堂上的语气讲道：“让我们从衣食住用行五个方面来说——首先是衣服，我们以后要穿棉、麻、丝等天然材料的衣服，不买化纤衣物，因为化纤衣物的碳排放量比天然材料多，还要拒绝皮草服饰，并根据碳标签来购买相对低碳的衣服。”

妈妈睁大了眼睛：“什么是碳标签？”

“就是把商品在生产过程中所产生的温室气体排放量，在产品标签上标示出来。”花生解释道。

“现在的衣服都有碳标签吗？”妈妈追问。

爸爸摆摆手：“现在才刚开始，以后应该会推广的……

你别说，两个小家伙组织的这个‘家庭低碳生活研讨会’还真挺有意义，而且准备工作做得非常到位。”

得到爸爸的鼓励，小满兴奋得脸颊微红，她接着往下读道：“2.不买或少买需要干洗、熨烫的衣服，洗完之后选择晒干而不是烘干。”

妈妈点了点头：“晴天的时候晒干，梅雨天的时候烘干，我们尽量选晴天的时候洗衣服。”

“3.将不穿的衣服洗干净后放进小区的衣物回收箱。”

这一点没有任何异议，爸爸妈妈一致表决通过。花生则在旁边奋笔疾书，记录着“家庭低碳生活研讨会”的会议纪要。

“下面是第二部分‘食’，饮食也要低碳。1.尽量购买本地的蔬菜水果。”小满的风度就像一个小老师。

“因为运输过程会产生大量的碳排放。”花生抢着补充道。

妈妈眨眨眼睛：“同意，没问题。”

“第2点是烹饪方法的要求，”小满看着稿子说道，“尽量选择蒸、煮、凉拌等烹调方法，少用煎、炸、爆炒和烧烤这些碳排放高的烹饪方法，大米浸泡后再蒸米饭。”

妈妈眯起眼睛笑道：“正好我不会炒菜，以后可省心多了。”

见没有异议，小满又继续读下一条：“3.买菜自带菜篮子或者帆布包，使用可降解塑料袋，不用普通的一次性塑料袋。4.选用节能灶具，抽油烟机及时关闭。5.不用一次性抹布。”

“这些都没问题。”爸爸作为家里的大厨，立刻表态同意。

“6.外出就餐时吃剩的食物要打包带回。7.少点外卖，”小满偷瞄了妈妈一眼，继续读道，“外卖运输过程中会产生碳排放，而且一次性餐盒的生产和废弃处理也会产生碳排放。”

妈妈皱了皱眉：“那就尽量少点外卖吧……不过，我们可不可以选择包装比较环保的商家呢？比方说很多商家都已经改用纸包装和纸袋子，还有可降解餐盒。”

花生抿了抿嘴：“应该可以吧。”

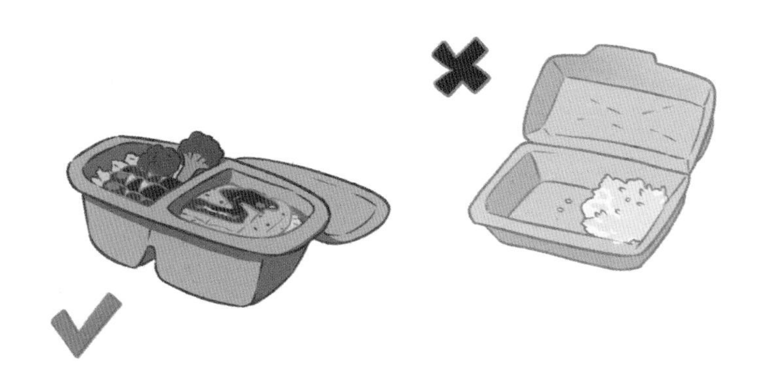

小满急道：“可是运输过程中也有碳排放啊。”

爸爸赶快出来打圆场：“等以后我们市也用上清洁电力，外卖小哥的电动车在使用过程中就没有碳排放了。目前的话，我们还是种树来进行碳中和吧——通过植树来抵消掉我们吃外卖造成的碳排放……”

“好，没问题。”妈妈第一个表示赞同，然后话题一转，

“说到这个，那节约粮食算不算减少碳排放的重要一环啊？”

小满和花生的脸“唰”地红了，他们已经预料到妈妈下一句话会说什么了——

“所以你们以后是不是也不能再剩饭了？”

理亏的姐弟俩忙不迭地点头，小满催促弟弟：“赶快加上这一条。”

妈妈笑眯眯地看着花生在会议纪要上添上了第8条：不浪费食物。

小满清了清嗓子掩饰尴尬，然后一本正经地继续读道：“好，第二部分结束，我们开始第三部分，住——应该选用低碳建筑材料、中空玻璃、保温墙、保温门窗，装修时也要注意节能，选用低流量水龙头、节能LED灯……”

“这一点我觉得我们家做得挺好的，”妈妈打断小满，得意地说道，“我们家用的就是中空玻璃、LED灯。”

“可是家具呢？”小满问道。

“家具怎么了？”妈妈一脸困惑，“原木家具多环保啊。其他类型的板材，像什么多层板、颗粒板都是胶粘起来的，释放出的有害气体太多了！为了我们全家人的身体健康才用原木家具的。”

花生问道：“能不能不用木材呀？用……嗯，铝的、铁的……不锈钢家具？”

妈妈惊叫道：“那可不行，冬天碰什么都被静电电到，日子没法儿过了！”

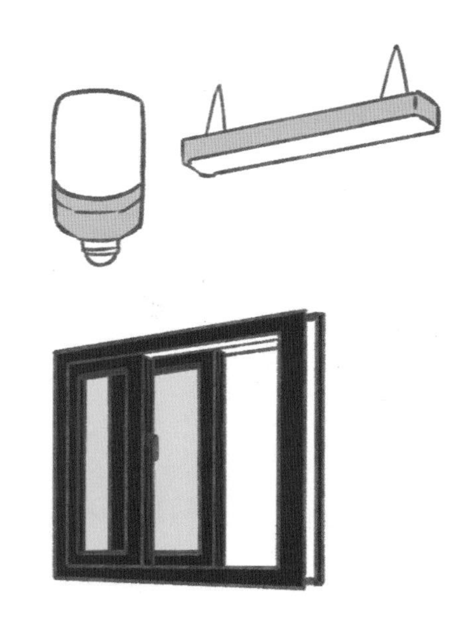

“就没有别的办法了吗？”小满皱着眉头问。

爸爸推了推眼镜：“如果使用速生木材做家具的话应该就没问题了。”

妈妈说：“那等我们的家具损坏了，需要更换的时候，我们就用竹子家具吧！竹子生长速度快！”

小满和花生看着周围崭新的家具，心里默默嘀咕：“还不知道什么时候能换呢。”

妈妈怕姐弟俩再继续纠缠换家具的事，忙催促道：“还有吗？下一条是什么？”

小满耸了耸肩：“下一部分是‘用’——1.我们要选用一级能效的电器，夏季空调温度不能低于26摄氏度，出门前要提前关闭空调。”

花生接着说道：“2.平时要随手关灯、记得拔掉电源插头和充电线，饭菜放凉了再放进冰箱。”

小满瞪了弟弟一眼：“你负责会议记录，这些都该我来说。”

花生讪讪地笑着：“这不是着急嘛……”

小满郑重其事地继续读下去：“3.调低电脑显示器的亮度，双面打印，不打印时关闭打印机……”

“对，不能浪费纸张，”妈妈立刻接茬道，“所以你们俩的草稿纸也要双面用，而且要写满，用完之后放到箱子里以备一起回收。还有，纸巾也不能浪费，洗完手用毛巾擦手，不要用纸巾擦手……”

“妈妈说得有道理，把这些也记下来。”小满红着脸对弟弟吩咐完，又赶快继续读道，“还有书，以后的趋势是推行电子书刊，妈妈的书太多了，而且好多都不看，应该把那些不看的书通过二手平台流动起来，或者捐赠出去。”

妈妈听完果然吃了一惊，她皱眉想了一会，说道：“好吧，有些书的确不值得收藏，以后我只留那些我喜欢的或者有收藏价值的书籍。”

小满和花生相视一笑——妈妈终于肯收拾家里那些堆积如山的书了！

但是，紧接着他们又听见妈妈说道：“我的确有很多闲置书籍，那么你们俩呢？囤了那么多的文具什么时候能用完呢？花生你有很多不玩的玩具和重复的卡片，是不是也应该流动起来？小满也是，你的那几箱拼装积木是不是也闲置了？我觉得以后不应该再买新的积木了，只在网上找图纸就行，也不要再买那些很快就厌倦的塑料小玩具，这样的话会节省一大笔钱，还减少了碳排放！”

姐弟俩互望了一眼，心中哀叹，这下可真要忍痛割爱了……

“好像每年的六一儿童节，小区都会组织一次‘跳蚤市场’活动，用来交易二手文具和玩具，”爸爸赶快说道，“我们可以把那些玩具和文具用品放到跳蚤市场去卖，还能用赚到的钱在那里购买你们喜欢的东西。”

“那……好吧，花生赶快记下来。”小满打起精神继续说道，“下面这些都是针对塑料制品的——减少家里的塑料制品，特别是一次性塑料制品：尽量少喝塑料瓶装饮料，喝完后要拧上瓶盖放进可回收垃圾箱；少吃口香糖；不使用吸管、一次性餐具、一次性桌布和一次性杯子；不使用一次性牙刷和含有微塑料的洗护产品；送礼物时不送塑料制品，不过度包装；庆祝节日时用彩色纸制条幅代替气球。”

妈妈点点头：“这些我们家都能够做到。”

小满赶紧说：“还要在家里多种花花草草，这是增加碳汇。”

“增加碳汇是什么意思?”妈妈问。

“多种花草树木，让它们来吸收二氧化碳。”花生解释道。

爸爸笑着说：“同理，我们国家之所以承诺说要‘碳中和’而不是承诺‘不排放’，就是因为凭借当前的科技水平很难做到一点温室气体都不排放，但是我们可以想办法把排放的温室气体抵消掉，这就是碳中和的含义。”

妈妈一拍手：“这回我听明白了，植树和种植花草都是增加碳汇，通过增加碳汇来‘中和’掉我们造成的碳排放。”

“对！妈妈真聪明！”花生赶快恭维道。

“那是当然，”妈妈得意完又皱起了眉，“可我从来没养活过植物啊，无论是绿萝，还是仙人掌都被我养死了。”

“我们来养！”小满和花生异口同声地说道。

“好，就这么定了，”妈妈愉快地说，“你们负责照料家里的植物！”

“没问题！”姐弟俩满口答应。

随后，小满精神百倍地宣布：“下面是最后一项，行——这个就是爸爸的任务了。”

“爸爸要少开车，”花生抢着说道，“因为燃油汽车烧油的时候有直接的碳排放，而生产汽油、汽车时还有间接的碳排放。”

“那我平时要怎么上班呢？”爸爸笑着问道。

“可以乘坐公交车和地铁。”小满认真地建议。

“公交站和地铁站不到目的地怎么办啊？”爸爸继续提问。

花生答道：“可以骑共享单车，还锻炼身体。”

爸爸点点头笑道：“好，就这么定了。将来这辆车报废需要换车的时候，我们就换电动车或者氢能源、氨能源、生物质燃料汽车吧。”

“还有一个问题，我们家点外卖、使用水电燃气这几个碳排放较多的方面可以通过植树来进行碳中和，”妈妈说道，“但是去哪里种树呢？就算买到了树苗也不能随便找个地方就种吧？”

爸爸说：“好像网上会有一些认养树苗的平台，等会我找一找。”

“好的，这个任务就交给你啦！”妈妈开心地说，“咱们这个‘家庭低碳生活研讨会’特别有意义，不过除了我们自己家里努力达到碳中和，我觉得还应该跟物业建议，把楼下那些光秃秃的绿地分给业主，由业主来种植花花草草，增加碳汇。”

“这个建议不错，”爸爸立刻说，“我们去跟小区物业提议吧。”

妈妈叹了口气：“好像还需要业主委员会表决通过……太麻烦了，算了，以后再说吧。”

小满和花生急道：“我们去说！”

妈妈眼睛一亮：“好的，这个任务就交给你们啦！”

姐弟俩眨眨眼……他们俩好像“上当”了。

第十章　未　来

“不使用吸管、一次性餐具……”花生“噼里啪啦”地敲击着键盘。

“等一下，”小满指着弟弟刚敲出来的一段文字说，“这里不严谨，我国科学家已经用生物质材料发明出了可食用、可降解的吸管和一次性勺子、刀叉等餐具，这些新发明都不会造成塑料污染。”

花生点点头，把那一句改成了“不使用塑料吸管、一次性塑料餐具……”

自从去年年底开完家庭会议之后，小满就利用课余时间宣传低碳生活小窍门。这个学期，他们班还在她的倡议下举办了一次“低碳小达人”主题班会。在小满的鼓动下，花生也参与了进来，打算在他们年级组开展低碳宣传。姐弟俩现在正在书房里打印宣传材料——当然是双面打印。

“这个‘碳足迹’的概念太复杂了，需要换成同学们能听懂的话。”小满又指着文档中的一段说道。

花生想了想，说：“那就改成：在同学们的家庭日常生活中，上网、照明、出行等活动都会产生二氧化碳，这些二氧化碳就像我们走路留下的足迹一样，会在大气中留下痕迹，因此形象地称之为‘碳足迹’。”

“我们还可以用网上的碳足迹计算器，计算出每个同学每个月的碳排放量，然后在‘星星榜’旁边再贴一个‘低碳小达人’榜！”小满想到了一个好主意。

“对，是个好办法。”花生开心地敲完最后一个字，点击“打印”。

“嘎吱嘎吱嘎吱……”打印机开始工作。

姐弟俩站起来，焦急地盯着慢吞吞的打印机，恨不能替它印刷……忽然，打印机消失了。

姐弟俩吃惊地看向四周——两个大书柜依然立在书房的两侧，但桌椅、电脑、打印机全都不见了。

下一秒，他们就听见一个温柔的合成电子声说道："入侵者已被锁定。"

小满和花生正不知所措，书房门陡然消失，一位穿着连体工作服的十五六岁大姐姐走了进来。

见到目瞪口呆的姐弟俩之后，她也愣住了："你们是……"但只愣了一秒钟，她就欢呼起来："我成功啦！！"

话音未落，她的头发突然自动盘了起来，镶嵌着光带的连体工作服好像化成无数的"马赛克"，眨眼间就变成了一条金光闪闪的连衣裙，裙子上还斜挎着一条红色绶带，上面有五个金字"少年发明家"！

姐弟俩被吓蒙了——是她闯进家里偷走了桌椅、电脑和打印机吗？她是外星人？

这位神秘的大姐姐兴奋地解释道："我叫小婵，现在是公元2089年。您是花生，是我的爷爷；小满，您是我姑奶奶！你们是通过我制造的小型虫洞来到这里的！"

1

花生惊叫道："虫洞？"

"对啊！"小婵得意扬扬，"我发明的！"

"这也太厉害了吧！"花生瞪圆了眼睛。

小满则疑惑地看了看两边的书柜，问道："现在是2089年？可是书柜……"

"哦！这些是我们家的古董藏品，"小婵笑出两个酒窝，"要知道30年以前就没有纸质书籍了！"

小满仔细观察着一尘不染的书柜，三分之一的书她都认识，随后她就注意到了塞在书柜角落的漫画——那是她"昨天"放进去的——就这么放了66年吗？

"我们现在还在原来的房子里？"花生问道。

"还是原来的位置，小区也仍叫蓝月苑，不过所有的老式住宅都在2050年时进行了全面的改造。"

花生又问："你是怎么认出我们的？"

小婵："通过人脸识别呀。"

小满吃了一惊："人脸识别？你是AI机器人？"

小婵笑起来，她伸出手指轻轻拨了一下自己的耳垂："是个人终端利用云计算来检索的。"

姐弟俩这才发现，她的耳垂上戴着一个小巧的白色耳钉，看不出材质。

"个人终端是不是小型计算机？就是那个白色的小耳钉吗？"花生惊讶地问道。

"也可以这么说。"

"没有键盘和显示器，怎么传输信息呀？"花生追问。

"通过内置的思维操作系统和感官投射系统。"小婵回答。

花生眨巴着眼睛："内置什么投射？"

小婵笑了笑："刚才我看到你们的同时，个人终端的微型摄像头也拍摄了你们的照片，通过云端匹配在我的家族相册中检索到了你们的照片，并把你们的身份信息直接反馈回我的大脑中，我还通过内置的视觉投射系统看到了许多你们小时候的照片。"

“哦！原来是这样！”花生刚说完，肚子就发出一声不合时宜的“咕噜”声。

“你们是不是饿了？在这里吃饭吧！”小婵热情地招呼道，“跟我来。”

姐弟俩跟着小婵离开了书房，一开门就看到客厅正中间摆着一个怪模怪样的黑色大箱子。

“这就是虫洞发生器！”衣服已恢复成工作服样式的小婵兴奋地介绍道，“你们就是通过这个装置来到2089年的！”

她的话音未落，整个客厅都“活”了——沙发变成了木质长椅，地砖变成了露台地板，白色墙壁瞬间消失，露出外面的夕阳和大海。

闻着略带咸味的海风，姐弟俩目瞪口呆——我们原来居住的中部城市到了2089年竟变成海滨城市了？

小满和花生同时想起了那幅东缺一块西缺一块的世界地图——他们见到小哲时是2083年，所以这是……

“这是怎么回事？”花生忍不住问了出来，“海水已经淹到这儿了吗？”

小婵愣了一下，但随即笑起来：“你们在说什么啊，这只是模拟显示屏而已呀。”

花生一听，忙跑到显示屏跟前仔细查看。

“也就是说，海平面没有上升是吗？”小满追问。

“当然没有。”小婵话音刚落，墙壁又变成了一片森林，草地上铺满落叶，森林的清新气味弥漫开来，之前的长椅也变成了逼真的树墩。

花生又轻轻摸了一下树墩——连手感都是一样的。

小婵继续说道：“2030年以后所有的国家都在努力推进碳中和工作，但是平均气温还是越来越高，最后联合国一致表决通过了几个技术比较成熟的地球工程项目。与此同时，各国开始增加碳汇、加大碳捕集的力度、快速发展清洁能源，到2080年时，大气平均温度已经趋于稳定了。我的曾祖父就是全球知名的CCUS（Carbon Capture，Utilization and Storage，碳捕获、利用与封存）专家，用他们课题组研制的碳纳米片做了许多固碳、减碳的重大项目。”

“可是我们之前到过2083年，那时候的地球上已经没有冰川了。”花生反驳。

小婵瞪圆了眼睛：“之前到过未来？”

“对啊，三个月之前。”小满说。

“三个月……”小婵呆愣了一秒，说道，“三个月之前我的确进行过虫洞实验，但是失败了。”

花生眼睛一亮：“你一共进行过几次虫洞实验？”

“十次，”小婵飞快地答道，“前九次都失败了。”

“呃……”花生清了清嗓子，“也可能没失败。”

2

听着姐弟俩你一言我一语地讲述之前的冒险经历，小婵惊喜万分：“这么说从一开始就成功了！只不过前三次虫洞还不稳定，持续时间很短……”

“可是之前那个可怕的未来是怎么回事呢？”小满皱眉问道。

“那次我调整了几个参数，”小婵目不转睛地盯着二人，

“也许把你们送去了平行世界……但更奇怪的问题在于，虫洞应该是一个固定的通道，为什么只传送你们两个人呢?”

“去北极那次的确是有一个入口的，”小满思索了一下说道，“但那个入口很快就消失了，到后来返回的时候，我们已经离入口消失的位置很远了。”

小婵皱眉思考着，耳钉发出了淡淡的白色光芒……半分钟后，她惊叫起来：“原来是这样！我查看数据时发现，在你们通过冰箱的时候，虫洞、北极磁场、冰箱电磁场和人体磁场发生了奇怪的磁场叠加，从而使虫洞发生器将你们俩锚定了，所以在此之后，只要虫洞一开启就会直接把你们传送走！”

小满和花生目瞪口呆，这也太不可思议了吧！

这时，一个端着托盘的机器人滑过房间，托盘上堆着各种食材。

解决了技术疑问的小婵开心不已，她站起身来兴致勃勃地说：“趁你们还有时间，参观一下未来世界吧，先看厨房——”

那个机器人将食材送进一个房间，房间的墙壁随即变成

了透明的，小满和花生可以清楚地看见里面的陈设。

食材在厨房操作台上一字排开后，就有各种形状的机械装置从墙壁中伸了出来，熟练地摘洗切削、煎炒煮炖，烹饪过程中的烟气和水蒸气也被一个灵巧的装置迅速吸收了……很快，机器人就把奶油蘑菇汤、西红柿炖牛腩、凉拌蔬菜和水果沙拉端了出来。

与此同时，操作台将所有垃圾一股脑推进了墙壁上的垃圾通道，之后开始自清洁。

“为什么没有进行垃圾分类呀？好像还有食品包装袋……”花生忍不住问道。

“现在已经不需要人工垃圾分类了，每个小区都有一个垃圾分类机。垃圾被细分后，就送去进行下一阶段的回收利用。”小婵解释道。

随后，小满和花生坐到“树墩”上，尝了尝机器人烹饪的食物——味道比他们以前吃过的所有蘑菇和牛腩加起来都鲜美！除了食物以外，还有两瓶没贴标签的果汁，味道也很清新甘甜。而且果汁瓶被做成了葫芦形，造型特别可爱。

小婵微笑着说道："现在的纳米技术只解决了衣服的问题，如果能把后面几个难题攻克了，我们就不需要这些乱七八糟的厨具了，可以通过合成生物学、3D打印技术直接把饭菜打印出来。"

姐弟俩吃完饭后，机器人把小满和花生用过的碗筷和空塑料瓶倒进垃圾通道，随后滑回了墙角的小房间。

"怎么连碗都扔了呢？"小满问道。

小婵笑着回答："餐具和厨余垃圾会在终端进行分拣、清洗和回收的。"

这时小房间的墙壁中伸出数条机械手臂，开始给机器人进行检修。

花生津津有味地看了一会儿之后，忽然问道，"它还换了零件？所有零件家里都有备用的吗？"

"这台家用智能机器人上次自检时，发现零件有磨损，它就自己下单订购了零件。工厂接单后，用3D打印机把零件打印出来，再交由无人机送货上门。"

“世界上所有的房子都是这样的吗？”花生的语气中饱含羡慕。

“原理都差不多，”小婵笑道，“蓝月苑小区是按照零碳标准改造的，以小区为单位进行资源的循环利用。还有其他生态城市，你们看——”

墙壁上的模拟屏飞快地切换为3D显示模式，画面中，阳光炽烈的沙漠上遍布卫星天线一样的大圆盘，所不同的是这些“卫星天线”的“大锅”是由一块块银闪闪的“镜子”拼成的，而且每口“大锅”都伸出个支架来擎着一个方方的东西。

小婵解释道：“聚光太阳能发电为整座城市提供能源。”

紧接着镜头转向沙漠中的一座玻璃金字塔，随后镜头深入金字塔的下方——那是一个配置齐全的地下城市。

“沙漠地下城的用水怎么办呀？”小满问道。

“赛特城靠近大海，水源来自海水淡化。”

小婵说完，又有一座漂浮在海上的城市出现在画面中，城市中遍布光伏板，海上则漂浮着风力发电装置。

“蓬托斯城的中心是全世界最先进的海洋实验室。海上城市还有好几座，是伴随海洋农牧业发展起来的城市，以海上风能、太阳能和海洋能为能源。”

紧接着画面又变成了一望无际的森林。

小婵继续介绍道：“维达尔城是负碳城市……”

花生疑惑不解：“都是森林，哪有城市？”

话音未落，画面就拉近了一棵大树，小满和花生这才看清，这棵树的树干和树枝长成了房屋和家具——树本身就是一座活的房子。

“这是由合成生物学和基因工程改造的树种长成的房子。”小婵讲解道。

除了这种树屋之外，森林里还有挂在枝头的藤编屋和覆盖着苔藓的洞穴小屋。

“住在这样的房子里会不会很潮湿啊？”小满问道。

“现在所有的房屋都安装了智能家居系统，可以自动调节温湿度，还能根据实际需要分配电能……”

“电能？森林里也有电线杆吗？”

小婵笑了起来："你们仔细看。"

镜头又移到了树冠上，姐弟俩这才看清，树叶的间隙还穿插着很多树叶型的光伏板，它们通过自动变换角度来接收阳光。

"这也太厉害了吧？"花生感叹道。

小婵眯起眼睛，两个酒窝若隐若现："这还不是最厉害的呢！"

随后画面变成了一根巨大的柱子，柱子内部有很多轿厢——原来这是一部巨大的电梯，电梯向上延伸，一直延伸进太空，它连接着太空中的一座大型空间站，空间站顶端撑着一张花朵形的巨帆。

"乌拉诺斯城是一座以空间站为中心的太空城，它的旋转速度与地球的自转相同，城市的能源全部来自太阳帆转化的太阳能。通过回收利用人类以前丢在太空的垃圾、捕捉流星、彗星，乌拉诺斯城可以自给自足，甚至还有多余的资源和电力输送回地球。"

花生完全惊呆了，科幻故事中的构想真的成为现实了！

“电力怎么送回地球呢?”小满问道。

“通过特高压输电线路送回地球，再由地球上的智能电力互联网来调配电力。乌拉诺斯城的电力除了输送回地球，还可以储存起来备用。”

“那你们下一步的征途就是星辰大海了吧?!”花生兴奋地问。

“已经在路上了哦!”小婵说完，画面变成了一片铁锈色。随着镜头推进，可以看到红褐色的土地上坐落着两个银色的城市。

“这是萤惑城和提尔城,”小婵得意地介绍道,“去年刚刚在火星上建成的两座城市，由可控核聚变装置提供能源，能够进行全封闭资源循环。但这两座城市的生存环境比较特殊，只有进行过特定遗传优选的人才能居住，他们会在火星上进行资源开采和科学实验。”

“遗传优选?”小满吃惊地问道,“小婵进行过遗传优选吗?”

“当然,”小婵笑道,“现在所有生物都进行过遗传优选，包括你们刚刚吃的蔬菜、水果和肉。”

小满和花生有些发愣，这真是一个不可思议的时代！

小婵关闭了墙壁上的画面，身上的衣服瞬间变换成一套淡青色连衣裙："来，我带你们出去参观一下。"

3

小区里的树木花草郁郁葱葱，每一栋楼的外墙上都布满了光伏板，而住宅楼的楼顶则种满了植物。空中不时飞过小型无人机。

"刚才的食材就是这些无人机送到家里的。"

姐弟俩跟着小婵坐上了一辆瓢虫一样的半球形汽车。

车里竟然没有驾驶室，于是三人围坐在一起。

"这是无人驾驶汽车吗？"花生问。

"是的，连接智慧交通网络，自动规划最短路线。"

"都是免费的吗？"小满忙问。

小婵笑着指了指自己的耳钉："是从个人账户付费的。"

"这是电动汽车吧？完全没有尾气。"花生歪头看着车外说。

车窗外绿树成荫，偶尔还能看到熟悉的建筑，所有建筑物都顶盔掼甲——楼顶天台种满多彩的植物，外立面覆盖整齐的光伏板。

“这是一辆氢能源汽车。”小婵解释。

花生追问：“现在还有使用化石燃料的汽车吗？”

“没有啦，现在除了氢能源汽车，还有氨能源汽车、电动车和生物质燃料汽车。”

“那化石能源已经不再使用了吗？”

“全都用作工业原材料了。”

十五分钟后，他们来到了一栋摩天大楼前。

小婵接过人工智能机器人递过来的淡蓝色连体服，讲解道：“这是可回收织物，由真菌纤维制成的无菌服，我来帮你们穿上。”

……

大楼内部非常明亮，一排排种植架鳞次栉比，架子上的植物槽还在缓慢地上下移动着。种植架上有番茄、青椒、土豆等多种蔬菜——都是无土栽培；除了草莓、西瓜这些草本植物外还有一些结着果实的“袖珍”果树。空中几架无人机来回巡视，监控作物的生长状态。

“室内农场完全满足作物生长所需的一切条件，不会受到天气和病虫害影响、产量稳定，且都位于市中心，根据订单采摘，运输距离短、食材非常新鲜，”小婵说道，“运用同样的技术，城市里的每个小区都还配备了一座植物污水处理厂，通过蒸腾作用处理生活污水，水资源循环利用，使用后的植物会用来作为3D打印的生物质耗材——家里的花瓶和各种摆件都是用这种材料打印的。”

小婵又带着小满和花生来到了中间的架子前：“你们看，很有趣吧？”

二人惊讶地发现，这边几个架子上生长的东西都不能称之为“作物”了，应该说是“产品”——上半部分的藤蔓上，生长着姐弟俩刚刚喝过的那种瓶装饮料，除了葫芦形的饮料，竟然还有星形的！而在架子下半部分的袖珍果树上，长着一盒盒包装好的红色水果。

小满又走到前面看了看，其他种植架上仍然种着普通的蔬菜。

小婵看出了小满的困惑，解释道："两天以后周围的蔬菜才会完全成熟，收割完之后，这片区域将改种另外一些新产品。"

这时无人机摘下一盒果子送了过来。

小婵撕开透明盒子，又从盒子边缘折下两支叉子，叉了一枚果子递给小满。

小满尝了尝，汁液饱满味道香甜，是她从来没尝过的味道。

"简直像童话故事一样。"小满惊叹道。

小婵笑了起来："科技发展到最后的确很像魔法。"

花生接过另一个叉子，吃下水果后问道："这些水果和饮料是怎么包装的呀？"

"它们的种子经过生物合成技术和基因工程改造后直接长成这样的。这些外包装就是生物质塑料，回收后可以制成生物燃料，没有任何碳排放。"小婵介绍道。

“这实在是难以置信……”小满嘟囔着。

“想想椰子，你们那个时代的椰子不也是‘自带包装的天然饮料嘛’?”小婵笑道，“只不过是把植物的果皮通过基因工程改造成天然的生物塑料而已。而且不仅仅是植物，现在的肉类都是细胞培养肉，奶制品也由生物科技工厂来生产，完全不需要饲养家禽和家畜。”

“是因为动物数量太少了吗?”小满问道。

“怎么会?”小婵笑道，“地球上的生态系统慢慢恢复以后，生物学家们已经开始利用种子库和基因库来“复活”灭绝的种群了。几个世纪前灭绝的渡渡鸟已经回到它们之前生活的岛上了。”

看着小满和花生激动的样子，小婵神神秘秘地说道:“现在，我要告诉你们一个秘密，我的爷爷也就是未来的花生，想跟你们通话。”

“什么?”花生惊叫道，“这个世界还有一个我?”

“当然了，爷爷才七十多岁，还年轻着呢。他最近几年一直在南太平洋的科研基地研究冷水珊瑚。”

“那我呢？那我呢？”小满激动地问。

“姑奶奶是美食评论家，这几个月在南美热带雨林里寻找新的食材，刚刚没能联系上。”

“我真的成了海洋生物学家？”花生喜形于色。

“是啊。”小婵说完，耳垂上的微型电脑就射出一道全息投影。

可是不等影像成型，小满和花生眼前一花，“嘎吱”声重新响起——

他们回到了自己的家里，那100份宣传材料还没打印完呢！

姐弟俩面面相觑地愣了一会儿，一齐叹了口气。

“怎么这么快就回来了？”花生垂头丧气地坐到椅子上，懊恼地说，“肯定还有许多好玩的东西没看到呢……”

小满皱着的眉头很快舒展开来：“将来一定会看到的！”

附录一

家庭低碳生活研讨会会议纪要

衣：

1. 棉、麻、丝等天然材料的衣服，拒绝皮草服饰，根据碳标签选购衣物。

2. 不买或少买需要干洗、熨烫的衣服，洗完之后选择晒干而不是烘干。（晴天时晒干，梅雨天时烘干，尽量在晴天时洗衣服）

3. 将不穿的衣服洗干净后放进小区的衣物回收箱。

食：

1. 尽量购买本地的蔬菜水果。

2. 尽量选择蒸、煮、凉拌等烹调方法，少用煎、炸、爆炒和烧烤这些碳排放高的烹饪方法，大米浸泡后再蒸米饭。

3. 买菜自带菜篮子或者帆布包，使用可降解塑料袋，不用普通的一次性塑料袋。

4. 选用节能灶具，抽油烟机及时关闭。

5. 不用一次性抹布。

6. 外出就餐时吃剩的食物要打包带回。

7. 少点外卖。选择包装比较环保的商家，并通过植树、种花草等抵消掉外卖运送过程中造成的碳排放。

8. 不浪费食物。

住：

选用低碳建筑材料、中空玻璃、保温墙、保温门窗，装修时也要选用低流量水龙头、节能LED灯、竹制家具。

用：

1. 选用一级能效的电器，夏季空调温度不能低于26摄氏度，出门前要提前关闭空调。

2. 平时要随手关灯、记得拔掉电源插头和充电线，饭菜放凉了再放进冰箱。

3. 调低电脑显示器的亮度，双面打印，不打印时关闭打印机。纸张要双面使用。

4. 不浪费纸（包括纸巾）。

5. 尽量阅读电子书，不看的实体书通过二手平台流动起来，或者捐赠出去。

6. 通过二手市场出售闲置的文具和玩具。

7. 减少家里的塑料制品，特别是一次性塑料制品。少喝塑料瓶装饮料，喝完后拧上瓶盖放进可回收垃圾箱；少吃口香糖；不使用塑料吸管、一次性塑料餐具、一次性塑料桌布和一次性塑料杯子；不使用一次性牙刷和含有微塑料的洗护产品；送礼物时不送塑料制品，不过度包装；庆祝节日时用彩色纸制条幅代替气球。

8. 在家里多种植花草。

行：

1. 少开私家车，外出乘坐公交车和地铁，骑共享单车。

2. 私家车更新换代时选择电动车或者氢能源、氨能源、生物质燃料汽车。

附录二

咨询专家

能源工程领域

邢献军　中国科学院合肥物质科学研究院　二级教授　博士生导师
　　　　中国科学技术大学　兼职教授　博士生导师
　　　　合肥工业大学先进能源技术与装备研究院　院长　博士生导师
　　　　合肥综合性国家科学中心环境研究院　副院长

马培勇　合肥工业大学机械工程学院　教授　博士生导师
　　　　生物质低碳技术与装备研究所　所长

唐志国　合肥工业大学机械工程学院　副教授　硕士生导师

祁风雷　合肥工业大学机械工程学院　副研究员　硕士生导师

李永玲　安徽建筑大学机械与电气工程学院　博士　硕士生导师

张学飞　合肥工业大学机械工程学院　博士

电力系统

戴申华　大唐华东电力试验研究院新能源所　高级工程师　所长

赵　淼　大唐华东电力试验研究院电气所　高级工程师　副所长

环境工程领域

程建萍　合肥工业大学机械工程学院　副教授　硕士生导师

物理领域

秦胜勇　中国科学技术大学物理学院　教授　博士生导师

化学领域

张　颖　中国科学技术大学化学与材料科学学院　副教授　博士生导师

李辰砂　黑龙江大学化学化工与材料学院　教授　硕士生导师

刘小好　合肥工业大学化学与化工学院　博士　硕士生导师

唐海明　新西兰怀卡多大学　博士　荣誉副研究员

四川轻化工大学化学与环境工程学院　讲师

生命科学领域

杨昱鹏　中国科学技术大学生命科学学院　教授　博士生导师

海洋生物学领域

张燕英　烟台大学海洋学院　教授　硕士生导师

水产科学领域

王　姮　大连海洋大学水产与生命学院　博士　硕士生导师

张　倩　大连海洋大学机械与动力工程学院　高级实验师

机器人与人工智能领域

甄圣超　合肥工业大学机械工程学院　副教授　硕士生导师

合肥工业大学智能制造技术研究院　机器人创新平台负责人

计算机与大数据科学领域

陈晓峰　安徽燃博智能科技有限公司　数据科学家　董事长

合肥工业大学机械工程学院　博士　研究生行业导师

工程机械领域

仇性启　中国石油大学（华东）　教授　博士生导师

张　兵　合肥工业大学机械工程学院　副教授　硕士生导师

人文社科领域

陈殿林　合肥工业大学马克思主义学院　教授　博士生导师

法律咨询

霍敬裕　合肥工业大学文法学院　副院长　硕士生导师

李启胜　北京盈科（合肥）律师事务所　律师　知识产权师

致　谢

感谢杨善林院士的认可和鼓励。

感谢各领域专家老师对科普内容的指导和帮助。

感谢合肥工业大学机械工程学院马培勇老师为本书提供“双碳”领域的理论指导。

感谢作家李晓锋老师、数据科学家陈晓峰老师、中国教育电视台李义杰老师、安徽省知识产权保护中心李春燕老师、上海市崇明区堡镇中学翟梦晗老师的批评和指导。

感谢马珂芯、马珂涵、张智程、张松睿和陆天启小朋友试读本书并提出宝贵意见。